Berichte aus dem
Institut für Umformtechnik
der Universität Stuttgart
Herausgeber: Prof. Dr.-Ing. K. Lange

72

Erhard Mössle

Einfluß der Blechoberfläche beim Ziehen von Blechteilen aus Aluminiumlegierungen

Mit 62 Abbildungen und 6 Tabellen

Springer-Verlag
Berlin Heidelberg New York Tokyo 1983

Dipl.-Ing. Erhard Mössle
Institut für Umformtechnik
Universität Stuttgart

Dr.-Ing. Kurt Lange
o. Professor an der Universität Stuttgart
Institut für Umformtechnik

D 93

ISBN 978-3-540-12837-3 ISBN 978-3-642-52233-8 (eBook)
DOI 10.1007/978-3-642-52233-8

Gesamtherstellung: Copydruck GmbH, Offsetdruckerei, Industriestraße 1-3, 7251 Heimsheim, Telefon 0 70 33/38 25-26
2362/3020—543210

GELEITWORT DES HERAUSGEBERS

Die Umformtechnik zeichnet sich durch sehr gute Werkstoffauswertung und hohe Mengenleistung in der Serienfertigung gegenüber anderen Fertigungsverfahren aus, wobei Beibehaltung der Masse, Änderung der Festigkeitseigenschaften während eines Vorgangs und elastische Rückfederung der Werkstücke nach einem Vorgang wesentliche Merkmale sind. Weiter sind die benötigten Kräfte, Arbeiten und Leistungen sehr viel größer als z.B. bei spanenden Verfahren. Die sichere Beherrschung eines Verfahrens in der industriellen Fertigung und die zunehmende Forderung nach Vermeidung bzw. Minimierung spanender Nacharbeit erzwingen die geschlossene Betrachtung des Systems "Umformende Fertigung" unter zentraler Berücksichtigung plastizitätstheoretischer, werkstoffkundlicher und tribologischer Grundlagen.

Das Institut für Umformtechnik der Universität Stuttgart stellt entsprechend Forschung und Entwicklung zum einen auf die Erarbeitung von Grundlagenwissen in diesen Bereichen ab, zum anderen untersucht und entwickelt es Verfahren unter Anwendung spezieller Meßtechniken mit dem Ziel einer genauen quantitativen Ermittlung des Einflusses der Parameter von Vorgang, Werkstoff, Werkzeug und Maschine. Die Behandlung von Problemen des Maschinenverhaltens, der Maschinenkonstruktion sowie der Werkzeugauslegung und -beanspruchung, der Auswahl hochbeanspruchbarer, verschleißfester Werkzeugbaustoffe und schließlich der Tribologie gehört entsprechend ebenfalls zum Arbeitsgebiet, das durch die Erfassung organisatorischer und betriebswirtschaftlicher Fragen abgerundet wird.

Im Rahmen der "Berichte aus dem Institut für Umformtechnik" erscheinen in zwangloser Folge jährlich mehrere Bände, in denen über einzelne Themen ausführlich berichtet wird. Dabei handelt es sich vornehmlich um Abschlußberichte von Forschungsvorhaben, Dissertationen, aber gelegentlich auch um andere Texte. Diese Berichte sollen den in der Praxis stehenden Ingenieuren und Wissenschaftlern zur Weiterbildung dienen und eine Hilfe bei der Lösung umformtechnischer Aufgaben sein. Für die Studierenden bieten sie die Möglichkeit zur Vertiefung der Kenntnisse. Die seit zwei Jahrzehnten bewährte freundschaftliche Zusammenarbeit mit dem Springer-Verlag sehe ich als beste Voraussetzung für das Gelingen dieses Vorhabens an.

Kurt Lange

Vorwort

Die vorliegende Arbeit entstand während meiner Tätigkeit als wissenschaftlicher Mitarbeiter am Institut für Umformtechnik der Universität Stuttgart.

Herrn Professor Dr.-Ing. K. Lange danke ich für sein Vertrauen und seine wohlwollende Unterstützung bei der Durchführung dieser Arbeit.

Für die eingehende Durchsicht dieser Arbeit bin ich Herrn Professor Dr.-Ing. H. Uetz zu Dank verpflichtet.

Mein Dank gilt ferner Herrn Dipl.-Ing. E. Dannenmann, der diese Arbeit durch wertvolle Hinweise und Anregungen unterstützt hat sowie allen Mitarbeiterinnen und Mitarbeitern des Instituts für Umformtechnik, die durch ihre tätige Hilfe zum Gelingen der Arbeit beigetragen haben.

Ebenfalls danken möchte ich Herrn Dr. rer. nat. P. Schlüter vom Max-Planck-Institut für Metallforschung in Stuttgart, der in großzügiger Weise die Erstellung der REM-Aufnahmen und Schliffbilder übernommen hat.

Die Mittel zur Durchführung dieser Arbeit wurden von der Deutschen Forschungsgesellschaft für Blechbearbeitung e. V. zur Verfügung gestellt.

Stuttgart, Juni 1983

Erhard Mössle

Inhaltsverzeichnis

Abkürzungsverzeichnis

Verwendete Größen, Formelzeichen und Einheiten

A	mm^2	Fläche
A_g	%	Gleichmaßdehnung
a	mm	große Ellipsenhalbachse
b	mm	kleine Ellipsenhalbachse
b_Z	mm	Ziehleistenbreite
c	µm	Schnittlinientiefe
d	mm	Durchmesser
F	kN	Kraft
h_Z	mm	Ziehleistenhöhe
k_f	N/mm^2	Fließspannung
l	mm	Weg
n	-	Verfestigungsexponent
p	N/mm^2	Druck
R	-	Korrelationskoeffizient
R_a	µm	arithmetischer Mittenrauhwert
R_m	N/mm^2	Zugfestigkeit
R_p	µm	Glättungstiefe
R_{pm}	µm	gemittelte Glättungstiefe
$R_{p0,2}$	N/mm^2	Streckgrenze
R_t	µm	Rauhtiefe
R_z	µm	gemittelte Rauhtiefe
r	mm	Radius
r	-	Kenngröße für senkr. Anisotropie
$\bar{r}$	-	mittlerer Wert der senkrechten Anisotropie
s	mm	Blechdicke
t_{pi}	%	Mikroprofiltraganteil
t_Z	mm	Ziehtiefe
u_Z	mm	Ziehspalt
v	mm/s	Geschwindigkeit
Z	%	Brucheinschnürung
β	-	Ziehverhältnis
ε	%	Dehnung
λ_c	mm	Grenzwellenlänge

λ_p	-	Profilleeregrad
λ_r	-	räumlicher Leeregrad
μ	-	Reibzahl
ν	mm^2/s	kinematische Viskosität
σ	N/mm^2	Spannung
φ	-	Umformgrad
φ_V	-	Vergleichsumformgrad

Indizes

B	Biege...
E	Ecken...
l	Längs...
max	Maximal
N	Niederhalter...
R	Radial...
St	Stempel..., Stößel...
T	Tangential...
t	Tast...
Z	Zieh..., Ziehkanten...
20, 40, 50	Temperatur in °C
0	Anfangs...
1	End...
1, 2, 3	Hauptrichtungen
0, 45, 90	Winkel zur Walzrichtung

Abkürzungen

OPT	optimiert
WR	Walzrichtung

0 Einleitung

Seit Mitte der siebziger Jahre ist für Bleche aus Aluminiumlegierungen ein sehr großes Marktpotential entstanden: Neben den "klassischen" Anwendungsbereichen in der Verpackungs- und Behälterindustrie bietet sich aufgrund zunehmender Bemühungen um Gewichtseinsparung der verstärkte Einsatz von Aluminiumblechen im Karosseriebau an. Wesentliche Hinderungsgründe waren bisher und sind zum Teil noch die hohen Werkstoffkosten (Energiekosten), das Fehlen geeigneter Legierungen und nicht zuletzt Probleme bei der Verarbeitung im Rahmen einer Großserienfertigung.

Im Hinblick auf Werkstoff- und Energiekosten muß berücksichtigt werden, daß zur Herstellung von 1 kg Hüttenaluminium achtmal so viel Energie wie zur Herstellung von 1 kg Kohlenstoffstahl benötigt wird [1]. Dieses Verhältnis wird für Aluminium dann günstiger, wenn z. B. für einen PKW die Summe aus Produktion und Fahrbetrieb (Kraftstoffeinsparung) errechnet wird. Ein Vorteil zugunsten von Aluminium kann sich dann ergeben, wenn die Möglichkeiten der Wiederverwertung des Primäraluminiums in die Betrachtung mit einbezogen werden. In diesem Fall lassen sich gegenüber der Herstellung aus Rohstoffen bei Stahl 25 % oder 10 MJ/kg, bei Aluminium 87 % oder 295 MJ/kg einsparen [1].

Bezüglich des Angebots geeigneter Karosseriewerkstoffe aus Aluminium konnten inzwischen Legierungen entwickelt werden, die eine wirtschaftliche Großserienfertigung ermöglichen sollen. Als wichtigste Werkstoffeigenschaften sind in diesem Zusammenhang statische und dynamische Festigkeit, Umformbarkeit und Punktschweißbarkeit zu nennen [2 bis 8].

Neben den Werkstoffeigenschaften ist bei der Verarbeitung von Aluminium jedoch auch die Optimierung des Umformvorgangs von großer Bedeutung. Hier wurden bisher nur wenige Untersuchungen durchgeführt (z. B. [9]). Speziell für Aluminiumwerkstoffe liegen im Zusammenhang mit dem Problemkreis "Blechoberfläche" bisher nur wenige Ergebnisse vor - besonders im Hinblick auf Veränderungen der Oberfläche während des Umformvorgangs. Gerade hier aber gelten für Aluminium und seine Legierungen gegenüber Stahlblech besondere Gesetzmäßigkeiten.

Aus diesem Grund wurden in einer systematisch angelegten Untersuchung die beim Ziehen von Blechen auf die Blechoberfläche einwirkenden Einflüsse von Werkstück, Werkzeug und Vorgang einschließlich Schmierstoff erfaßt. Schwerpunktmäßig interessierten dabei das Werkstoffverhalten bei freier Umformung, die Veränderungen der Blechoberfläche während des Ziehvorgangs sowie die Auswirkungen verschiedener Vorgangsparameter auf das Auftreten von Kaltverschweißungen.

Mit den daraus gewonnenen Erkenntnissen sollen den Bereichen Konstruktion, Fertigungsvorbereitung und Preßwerk Hinweise für eine "aluminiumgerechte" Gestaltung der Ziehteile und Werkzeuge sowie für einen an die Besonderheiten von Aluminium angepaßten Fertigungsablauf gegeben werden.

1 Problematik des Ziehens von Blechteilen aus Aluminiumlegierungen

1.1 Ausgangssituation

Im Gegensatz zu spanenden und abtragenden Bearbeitungsverfahren, bei denen in jedem Arbeitsgang eine neue Oberflächenschicht entsteht, bleibt bei den Fertigungsverfahren der Umformtechnik die Oberflächenschicht als solche im allgemeinen erhalten, sie ist jedoch beim Umformvorgang physikalischen und chemischen sowie makro- und mikrogeometrischen Veränderungen unterworfen.

Die Oberflächenbeschaffenheit eines umgeformten Werkstücks im Endzustand ist vor allem dann von Bedeutung, wenn es sich um Teile handelt, die im sichtbaren Bereich Verwendung finden - z. B. Karosserieteile. Die Oberfläche im Endzustand wird zum einen von ihrer Beschaffenheit im Ausgangszustand, zum anderen von ihrer "Geschichte", d. h. den jeweils erlebten Umformvorgängen bestimmt [10].

Allerdings wird nicht nur die Mikrooberfläche durch den Umformvorgang verändert - auch der Umformvorgang wird umgekehrt von den Veränderungen der Mikrooberfläche während des Vorgangs beeinflußt. Dies kann sich z. B. auswirken in Form einer Veränderung der tribologischen Verhältnisse und damit auch einer Veränderung der Verfahrensgrenzen [11 bis 14].

Gerade die in bezug auf Oberflächenwandlung und Umformverhalten bestehenden Besonderheiten von Aluminiumwerkstoffen erschweren die Übertragbarkeit der bei der Großserienfertigung von Karosserieteilen aus Stahlblech gewonnenen Erkenntnisse auf die Verarbeitung von Aluminiumblech.

Aluminium- und Stahlblech unterscheiden sich vor allem in folgenden Punkten:

- Festigkeitseigenschaften und Umformverhalten
- Neigung zum Kaltverschweißen
- Beschaffenheit der Ausgangsoberfläche
- Mechanismus der Rauheitsänderung bei freier Umformung
- Auftreten von Fließfiguren.

Betrachtet man die Kennwerte aus dem Zugversuch, so besitzt z.B. der Stahlwerkstoff St 1403 neben höherer Zugfestigkeit und Streckgrenze eine deutlich höhere Gleichmaß- und Bruchdehnung als die Aluminiumlegierungen vom Typ AlMg oder AlMgSi. Entsprechend den Dehnungswerten ergeben sich für Stahl wesentlich größere Grenzformänderungen [9, 15].

Im Hinblick auf den beim Tiefziehvorgang vorherrschenden Reibungszustand ist bei Aluminiumwerkstoffen darauf zu achten, daß Festkörperreibung auf jeden Fall vermieden wird, da der Werkstoff sehr zum Kaltverschweißen ("Anfressen") neigt. Derartige Anfresser am Werkzeug führen zu Beschädigungen am Fertigteil und stören den Fertigungsablauf empfindlich. Der Auswahl geeigneter Schmierstoffe und Oberflächenbehandlungsverfahren für die Werkzeuge kommt deshalb beim Verarbeiten von Aluminium wesentlich größere Bedeutung zu als bei Stahlwerkstoffen [16].

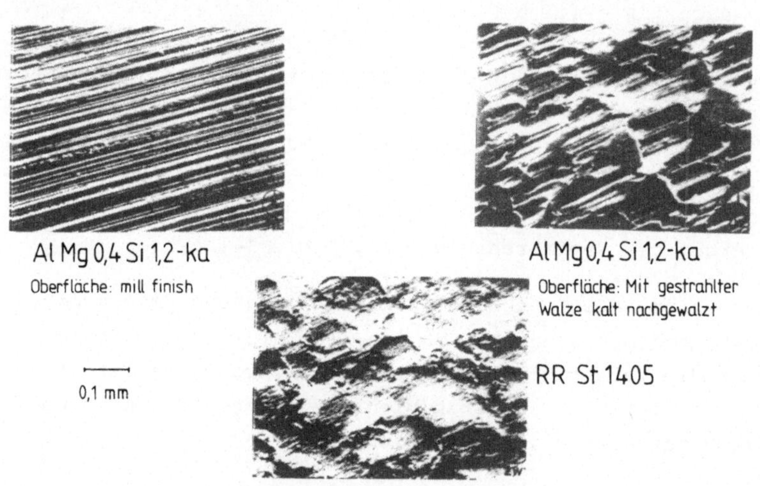

Bild 1: Ausgangsoberflächen von Aluminium- und Stahlblech [17].

Besonderheiten im Vergleich zu Stahlblech weist auch die Oberflächenbeschaffenheit (mikrogeometrisch) von Aluminiumblechen auf, und zwar sowohl im Ausgangszustand als auch im Hinblick auf deren Veränderungen beim Umformen. Als Ausgangsoberfläche von Aluminiumblechen ist zur Zeit noch die sogenannte "mill-finish"-Oberfläche üblich (Bild 1, links). Diese weist hinsichtlich der Richtungsabhängigkeit der Rauheit Unterschiede auf, die z. B. bei einer Stahl-Feinblechoberfläche (Bild 1, Mitte) - nicht gegeben sind.

Daß es jedoch inzwischen durchaus möglich ist, entsprechend der Oberfläche von Stahlblechen auch bei Aluminium eine weitgehend isotrope Oberfläche zu erzielen, zeigt Bild 1, rechts. Dies wurde dadurch erreicht, daß das Blech mit gestrahlter Walze kalt nachgewalzt wurde [17].

Beim Umformvorgang weicht der Mechanismus der Rauheitsänderung von Aluminiumwerkstoffen bei freier Umformung generell von demjenigen anderer Werkstoffe ab. Aluminium und seine Legierungen neigen zur Bildung sogenannter grober Gleitstufen infolge starker Bevorzugung der Einfachgleitung [14].

Eine weitere Besonderheit von Aluminiumwerkstoffen sind die bei Aluminium-Magnesium-Legierungen auftretenden Fließfiguren vom Typ A und B (s. auch Bild 10) [18]. Fließfiguren vom Typ A, die auch bei der Umformung von unberuhigten Stählen mit geringem Kohlenstoffgehalt als sogenannte "Lüders-Bänder" auftreten, entstehen als Folge des unstetigen Übergangs von elastischer zu plastischer Dehnung bei Fließbeginn. Für Fließfiguren vom Typ B ist die dynamische Reckalterung bei großen bleibenden Formänderungen ("Portevin-Le Chatelier-Effekt") verantwortlich. Fließfiguren sind insbesondere für Karosserieteile unerwünscht, weil sie auch nach einer Lackierung noch sichtbar bleiben.

Diese werkstoffspezifischen Eigenschaften müssen berücksichtigt werden, wenn eine Optimierung des Ziehvorgangs hinsichtlich der Oberflächenveränderungen während der Umformung sowie der Oberflächenbeschaffenheit des Werkstücks nach der Umformung Erfolg haben soll.

1.2 Stand der Kenntnisse

Beim Ziehen von Blechteilen kommen die Verfahren Tiefziehen, Streckziehen und eine Kombination aus Tief- und Streckziehen, z. B. beim Karosserieziehen, zur Anwendung. Entsprechend der Einteilung der Umformverfahren in DIN 8582 handelt es sich um Verfahren des Zug-Druck- bzw. Zug-Zug-Umformens. Die Grundlagen dieser Verfahren sind in [19] zusammengefaßt.

Die Auswertung des Schrifttums wurde im folgenden unter zwei Gesichtspunkten vorgenommen. Dazu gehörte zum einen die Beeinflussung von Oberflächen durch Umformen, zum anderen der Einfluß der Oberflächenbeschaffenheit von Blechen auf den Ziehvorgang.

1.2.1 Beeinflussung von Oberflächen durch Umformen

Im Hinblick auf die mikrogeometrische Veränderung der Oberfläche wird zwischen frei und gebunden umgeformten Oberflächen unterschieden [10]. Durch freie Umformung werden Oberflächen ohne Kontakt zu einer Werkzeugoberfläche (makrogeometrisch) vergrößert oder verkleinert (z. B. Dehnen, Stauchen, querkraftfreies Biegen, Verdrehen).

Gebundene Umformung liegt dann vor, wenn von einem Werkzeug Druck- und Schubkräfte auf das Werkstück ausgeübt werden. Allerdings muß man bei den Fertigungsverfahren der Umformtechnik davon ausgehen, daß die Oberfläche eines Werkstücks in verschiedenen Teilbereichen gleichzeitig frei und gebunden umgeformt wird, oder daß einer anfänglich freien Umformung eine gebundene folgt und umgekehrt.

Rauheitsänderung beim freien Umformen

Untersuchungen von Kienzle und Mietzner [20] zeigten, daß beim Dehnen, Stauchen und Biegen die Rauhtiefe von Oberflächen mit kleiner ($R_{to} \approx 1$ µm) und mittlerer ($R_{to} \approx 16$ µm) Anfangsrauheit gleichsinnig mit der relativen Formänderung ε_1 zunimmt, wobei die Zunahme beim Stauchen größer ist als beim Dehnen

a)

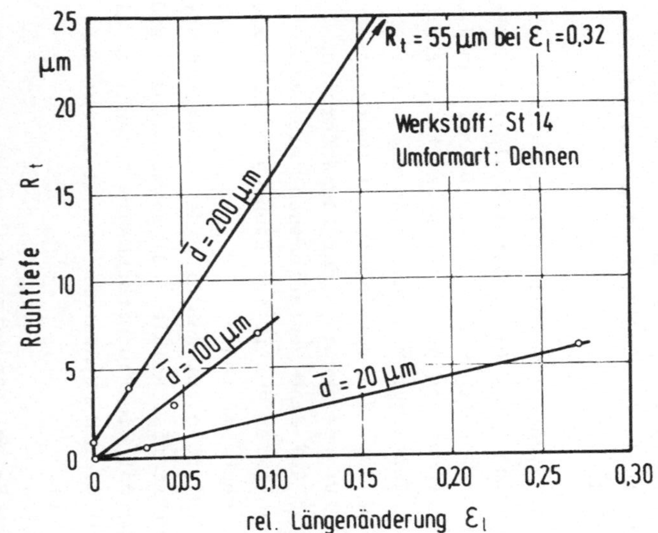

b)

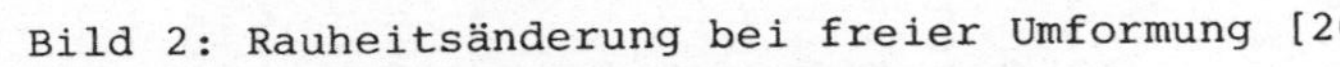

Bild 2: Rauheitsänderung bei freier Umformung [20].

a) Einfluß der Anfangsrauheit

b) Einfluß des mittleren Korndurchmessers $\bar{d}$

(Bild 2 a). Dagegen verläuft die Rauheitsänderung der gestauchten und gedehnten Proben im Falle großer Anfangsrauheiten ($R_{to} \approx 65$ µm) gegensinnig, was auf eine Art "Ziehharmonikaeffekt" zurückzuführen ist.

Ferner wurde festgestellt, daß die Rauheitszunahme beim Dehnen polierter Stahlblechproben ($R_{to} \approx 0$) größer ist als bei Proben mit einer Anfangsrauheit von $R_{to} \approx 10$ µm [21]. Dannenmann [22] zeigte, daß die Verfahrensabhängigkeit der Rauheitsänderung, wie sie vor allem beim Vergleich von gedehnten und gestauchten Proben auftrat [20], auf die Verwendung der Größe "relative Formänderung ε" zur Beschreibung der Formänderungen zurückzuführen ist, und daß eine verfahrensneutrale Formulierung der Gesetzmäßigkeiten der freien Rauhung durch Verwendung des größten örtlichen Umformgrads φ_{max} möglich ist. Eine weitere wichtige Einflußgröße auf den Grad der Rauheitsänderung ist das Gefüge des Werkstoffs. Reihle [23] sowie Kienzle und Mietzner [20] zeigten, daß die Rauheitszunahme anfänglich glatter Oberflächen dem mittleren Korndurchmesser $\bar{d}$ direkt proportional ist (Bild 2 b).

Als maßgeblich für die Rauheitsänderung anfänglich glatter Oberflächen werden zwei Mechanismen angesehen, die gleichzeitig ablaufen und sich in ihren Auswirkungen überlagern. Ein Vorgang ist die Verformung der einzelnen Körner, die im statistischen Mittel die gleiche Formänderung wie der Gesamtkörper erfahren, der zweite Vorgang beruht auf Gleitvorgängen in den Kristalliten, d. h. Gleitung entlang bestimmter Gleitebenen in bestimmten Gleitrichtungen. Während bei Stahlblech vorwiegend der erste Mechanismus zum Tragen kommt, gibt es, wie von Akeret [14] festgestellt wurde, Werkstoffe, die zur Bildung sogenannter grober Gleitstufen infolge starker Bevorzugung der Einfachgleitung neigen. Hierzu gehören Aluminium und seine Legierungen. Bei diesen Werkstoffen kann der wesentliche Beitrag zur Rauheitsänderung von Gleitvorgängen in den Kristalliten ausgehen.

Gebundenes Umformen

Ähnlich geschlossene Gesetzmäßigkeiten, wie sie für die freie Rauhung von Oberflächen bekannt sind, konnten bisher für die Oberflächenveränderung bei gebundener Umformung nicht abgeleitet werden. Der Grund ist, daß zu den bekannten Einflußgrößen der freien Rauhung nun noch der Reib- und Schmierzustand in der Wirkfuge Werkzeug/Werkstück hinzukommt. Vor allem der Einfluß des Schmierstoffs läßt sich zahlenmäßig kaum fassen.

Vergleichsweise einfache und überschaubare Verhältnisse liegen beim gebundenen Umformen ohne Schmierstoff vor. Hier wurden bereits Berechnungsmöglichkeiten - basierend auf der Gleitlinienmethode - für die für das Einebnen von Rauhgipfeln erforderlichen Spannungen vorgestellt [24, 25], wobei vor allem die Größe des Böschungswinkels der Rauhgipfel eine wichtige Rolle spielt [26]. Für den Einebnungsvorgang ist weiterhin von Bedeutung, ob sich dieser bei freier oder behinderter Breitung der Rauhgipfelbasis vollzieht [27].

Bei Verwendung eines Schmierstoffs hängt der Anteil der gebunden umgeformten Oberflächenbereiche an der Gesamtoberfläche vom Reibungszustand in der Wirkfuge ab. Bei den Fertigungsverfahren der Umformtechnik dominiert der Mischreibungszustand (Bild 3). Man versteht darunter das gleichzeitige Auftreten von hydrostatischen, bzw. bei höheren Relativgeschwindigkeiten

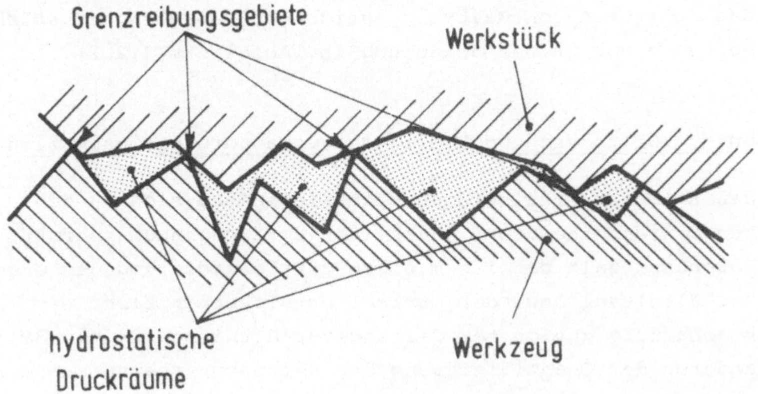

Bild 3: Zustand der Mischreibung.

hydrodynamischen Druckräumen und Grenzreibungsgebieten beim Aufeinandergleiten zweier Oberflächen [28].
Die Grundlagen des Mischreibungszustands werden in verschiedenen Arbeiten ausführlich behandelt [29 bis 31].

Im Hinblick auf Veränderungen der Blechoberfläche ist das Verhältnis von am Umformvorgang beteiligten Bereichen mit hydrostatischer Reibung zu Bereichen mit Grenzreibung ausschlaggebend. Überwiegt die Grenzreibung, z. B. durch Erhöhung der Flächenpressung, so überwiegt auch der Anteil der gebundenen Umformung am Vorgang, wodurch insgesamt eine Einebnung der Oberflächen bewirkt wird.

Das Gegenteil, nämlich eine Vergrößerung der hydrostatischen Reibungsanteile, möglich z. B. durch eine Erhöhung der Viskosität des Schmierstoffs oder der Ziehgeschwindigkeit, führt neben einer Abnahme der Reibzahl zu einer überwiegenden Aufrauhung der Oberfläche durch freie Umformung [32, 33]. Wird die Grenzreibung ganz unterdrückt, z. B. durch Verwendung einer PVC-Folie beim Tiefziehen, so wird die gebundene Umformung vollständig unterbunden und eine freie Umformung künstlich erzwungen [22]. Einen starken Einfluß auf den Reibzustand übt neben den genannten Vorgangsparametern die Oberflächenbeschaffenheit von Werkstück und Werkzeug sowie die Veränderung der Werkstückoberfläche während des Umformvorgangs aus [32].

Rauheit und Profilform von Oberflächen sind auch im Hinblick auf das Auftreten von Kaltverschweißungen zwischen Werkstück und Werkzeug von großer Bedeutung (s. Abschnitt 1.2.2).

Reibungsverhältnisse und Oberflächenveränderungen beim Ziehen

Mit den Reibungsverhältnissen beim Ziehen hat sich in den letzten Jahren eine große Anzahl von Untersuchungen befaßt. Das Interesse galt dabei zum einen der Vergrößerung des Grenzziehverhältnisses bzw. der maximal erreichbaren Ziehtiefe durch Schaffung geeigneter Reibungsverhältnisse [34 bis 39], zum anderen der Quantifizierung der Reibungsverhältnisse durch Ermittlung der Reibzahl μ [40 bis 44, 11].

Die Steuerung des Werkstoffflusses durch die Erzeugung unterschiedlicher Reibungsverhältnisse ist vor allem beim Ziehen großer unregelmäßiger Blechteile (z. B. Karosserieteile) von entscheidender Bedeutung für das Ziehergebnis. Eine Beeinflussung ist hier möglich durch die Platinenform, durch Ziehleisten, durch unterschiedlich "hart" tuschierte Blechhalter oder durch gezielt partielle Schmierung [45].

Voraussetzung für die Ermittlung der Reibzahl μ ist die Kenntnis der beim Ziehvorgang auftretenden Reibungszonen. Diese sind für das Tiefziehen und das Karosserieziehen in Bild 4 dargestellt.

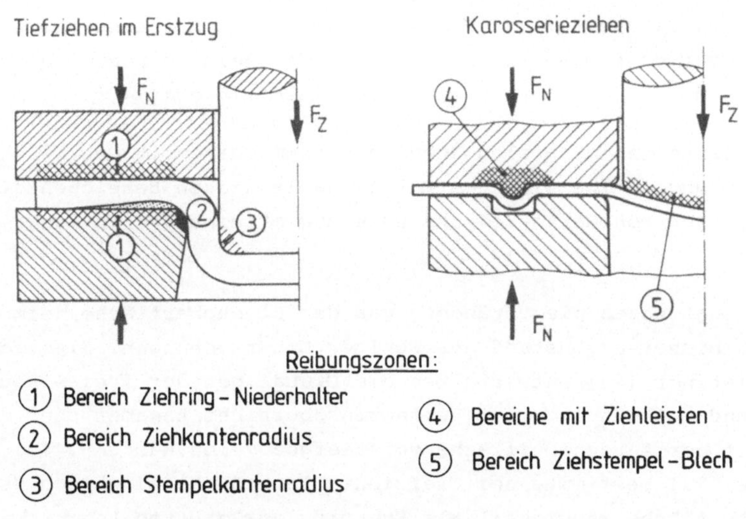

Bild 4: Reibungszonen beim Ziehvorgang [40, 44].

Als Modellversuch zur Simulation dieser Reibungszonen hat sich der Streifenziehversuch in seinen verschiedenen Varianten bewährt. In erster Linie ist hier der Streifenziehversuch von Witthüser [40] zu nennen, der in Abwandlung der Versuche von Littlewood und Wallace [43] sowie Wojtowicz [46] eine gute Simulation der Bereiche Ziehring/Niederhalter und Ziehkantenradius erlaubt. Auf der Grundlage dieser Untersuchungen wurden die Reibungsverhältnisse beim Tiefziehen im Erstzug von Reissner [11] mit Hilfe numerischer Methoden berechnet. Duncan u. a. [42] verwendeten eine Prüfvorrichtung, die eine Nachahmung der Reibungsverhältnisse am Stempelkantenradius ermöglicht. Dies ist beim Vorliegen einer Streckziehbeanspruchung von Bedeutung, wenn das Blech möglichst leicht über den Stempelkantenradius gleiten soll, um durch eine möglichst gleichmäßige Formänderungsverteilung den Abbau von Spannungsspitzen zu erreichen. Weitere Tests befassen sich mit der Bremswirkung von Ziehleisten (s. Bild 4). Nine [44] verwendet dazu einen sogenannten "Drawbead-Simulator" (DBS) und variiert dabei Schmierstoff und Ziehleistengeometrie. Hasek [15] untersuchte mit einem ähnlichen Werkzeug (s. Bild 14) den Einfluß von Ziehleistengeometrie und -anordnung auf die Durchziehkraft und die Oberflächenbeschaffenheit für Stahlblech St 1403. Es ist zu beachten, daß bei diesen Modellversuchen mit Ausnahme des Streifenziehversuchs ohne Umlenkung neben der Reibung auch die Verformung des Blechs mit in die Ergebnisse eingeht.

Die Reibungszonen spielen auch im Zusammenhang mit Oberflächenveränderungen eine wichtige Rolle, da in diesen Bereichen die Oberflächen von Werkstück und Werkzeug miteinander in Eingriff stehen.

Allerdings waren die Veränderungen der Blechoberfläche beim Ziehen bisher Gegenstand nur weniger Untersuchungen. Kienzle und Mietzner [10] entwickelten die Grundlagen der freien Rauhung und machten in einer Verfahrensübersicht Angaben über die Rauheit der Zargenoberfläche von tiefgezogenen Näpfen [47]. Reihle [23] bestimmte bei Tiefziehteilen aus Messingblech Ms 63 die Oberflächenrauhigkeit als Funktion der größten logarithmischen Hauptformänderung φ_{max}. Haupteinflußgröße war die Korngröße des Versuchswerkstoffs. Es wurde festgestellt, daß die Innenoberfläche und der Flanschbereich - mit Ausnahme des sich verdickenden Flanschaußenrands - frei umgeformt, also aufgerauht werden, während auf der Außenseite der Näpfe die Kombination von freier und gebundener Umformung zu einer inhomogenen Oberfläche führt. Ferner wurde gezeigt, daß sich beim Tiefziehen die Oberfläche frei umgeformter Bereiche in Abhängigkeit von der Formänderung in gleichem Maße ändert wie bei einfachen Zugproben. Dannenmann [48] gibt eine wesentlich differenziertere Darstellung der Oberflächenwandlung an tiefgezogenen Näpfen aus Stahlblech St 1404. Dabei werden für die Innen- und Außenoberfläche die Bereiche Boden, Übergang Boden/ Zarge und Zarge unterschieden. Anhand der Ergebnisse werden die Einflüsse von Ziehverhältnis und Werkzeuggeometrie, die bei den Versuchen unverändert blieben, abgeschätzt. Im Rahmen einer Arbeit über den Formänderungs- und Spannungszustand beim Ziehen großer unregelmäßiger Blechteile wurde von Hasek [15] anhand von Streifenziehversuchen der Einfluß von Ziehleisten und Einfließwulsten auf die Oberflächenbeschaffenheit des durchgezogenen Streifens untersucht. Im wesentlichen wurde eine Zunahme der Rauheit mit abnehmendem Ziehleistenradius festgestellt.

1.2.2 Einfluß der Oberflächenbeschaffenheit von Blechen auf den Ziehvorgang

Der Einfluß der Rauheit von Tiefziehblechen aus Stahl auf das Formänderungsvermögen wurde bereits in einer größeren Anzahl von Untersuchungen dargelegt [43, 49 bis 51, 53]. Für Aluminium liegen bisher nur vereinzelte Ergebnisse vor [52]. Übereinstimmend wird festgestellt, daß der meistens verwendete Mittenrauhwert R_a zur Charakterisierung von Blechoberflächen nicht ausreicht. Beim Ziehen von Karosserieteilen aus Stahlblech zeigte sich, daß am ehesten der Profiltraganteil eine Einteilung von Oberflächenqualitäten im Hinblick auf gute Ziehergebnisse ermöglicht [49].

Vorteilhaft waren Blechoberflächen, bei denen eine Vergrößerung der Schnittlinientiefe eine nur geringe Zunahme des Traganteils bewirkt. Ferner wird auf eine Mindestrauheit von Stahl-Tiefziehblechen hingewiesen. Butler und Pope [51] geben als Mindestwert einen R_a-Wert von 1,2 µm bis 1,4 µm an, zum einen im Hinblick auf Vermeidung von Kaltverschweißungen, zum anderen, um ein Versagen durch Faltenbildung zu vermeiden. Mit Rücksicht auf eine nachfolgende Lackierung der Teile sollte ein R_a-Wert von 1,5 µm bis 1,8 µm der Ausgangsoberfläche nicht überschritten werden. Hastings und Gagnon [50] entwickelten eine kombinierte Kenngröße p, in die der arithmetische Mittenrauhwert R_a, die Spitzendichte und der Profiltraganteil einbezogen wurden. Für verschiedene Blechwerkstoffe ergab sich eine eindeutige Korrelation zwischen p und dem Ziehverhältnis β. Für Tiefziehbleche aus Aluminiumlegierungen liegen in diesem Zusammenhang nur wenige Untersuchungen vor. So wurde z. B. für Karosseriebleche aus AlMg 5 und AlMg 0,4 Si 1,2 untersucht, inwieweit, ausgehend von der üblichen "mill-finish-Oberfläche", durch eine nachträgliche Veränderung der Oberfläche eine verbesserte Umformbarkeit zu erreichen war [52]. Es wurde festgestellt, daß nachträgliche Oberflächenbehandlungen mechanischer oder chemischer Art (Sandstrahlen, Bürsten, Beizen), die eine Rauheitserhöhung bewirken, zu einer Verringerung der Umformbarkeit führen. Dagegen lassen sich durch einen Nachwalzvorgang mit gestrahlter Walze bei naturharten und aushärtbaren Aluminiumlegierungen Mikrooberflächen erzielen, die die Umformbarkeit erheblich verbessern können (s. auch [17]), und die in ihren Reibungseigenschaften mit Stahlblechen vergleichbar sind [69].

Im Hinblick auf das Auftreten von Kaltverschweißungen zwischen Werkzeug- und Blechoberfläche sollten die Oberflächenbereiche mit Grenzreibungsbedingungen bezogen auf die Gesamtoberfläche möglichst klein sein. Diese Bedingung erfüllt eine rauhe Oberfläche mit kleinem Profiltraganteil und großer Spitzenzahl am ehesten. Eine derartige Profilform ist in der Lage, nicht nur eine ausreichende Schmierstoffmenge sondern auch Verschleißpartikel aufzunehmen, nach Rault und Entringer [54] eine wichtige Voraussetzung zur Vermeidung von Kaltverschweißungen. Story und Weinmann [55] stellten beim Streifenziehen einer AlCuMg-Legierung mit dem in [44] beschriebenen Drawbead-Simulator fest, daß mit zunehmendem Abstand der Profilspitzen (> 20 µm) auch die Kaltverschweißungen zunehmen. Diese Erkenntnisse werden von Hughes [56] bestätigt, der ein Oberflächenprofil mit einer großen Anzahl von Plateaus bzw. einer großen Berührfläche als ungünstig ansieht. Weiterhin fand er für Stahlblech heraus, daß ein großes Verhältnis von Haft- und Gleitreibung die Neigung zum Kaltverschweißen anzeigt.

1.3 Zielsetzung der Arbeit

Die Auswertung des vorhandenen Schrifttums läßt sich mit Blick auf die Bedeutung der Blechoberfläche beim Ziehen von Aluminiumwerkstoffen folgendermaßen zusammenfassen:

Das Verhalten von Oberflächen verschiedener Blechwerkstoffe bei freier Umformung wurde umfassend behandelt [10, 20]. Neben dem Umformgrad spielt die Korngröße der Werkstoffe eine entscheidende Rolle, die Ausgangsrauheit ist bei Tiefziehblechen (in der Regel R_{zo} < 10 µm) von untergeordneter Bedeutung.

Die Veränderungen der Blechoberflächen während des Tiefziehvorgangs wurden bisher nur in geringem Umfang im Rahmen von Verfahrensuntersuchungen mit einer beschränkten Anzahl von Parametern für Stahlblech [47, 48] und Messingblech [23] untersucht. Auf die Rückwirkung dieser Oberflächenveränderungen auf den Ziehvorgang, z. B. durch geänderte Reibungsverhältnisse in Teilbereichen des Werkstücks, wurde dabei nicht eingegangen. Darüber hinaus fehlen vor allem quantitative Aussagen über den Einfluß wichtiger werkstück-, werkzeug- und maschinenseitiger Parameter sowie des Schmierstoffs. Für neuere, vorwiegend im Karosseriebau zum Einsatz kommende Aluminiumlegierungen, liegen im Zusammenhang mit Oberflächenveränderungen noch keine Untersuchungen vor.

Für das Erreichen guter Ziehergebnisse, vor allem im Hinblick auf die Vermeidung von Reißern, Faltenbildung und Kaltverschweißungen, wird übereinstimmend eine Oberflächen-Profilform als günstig angesehen, die neben einer bestimmten Mindestrauheit einen kleinen Profiltraganteil und eine große Spitzenzahl aufweist [49 bis 51, 54, 56]. Eine Differenzierung nach verschiedenen Blechwerkstoffen wird dabei jedoch nicht vorgenommen.

Für Aluminiumlegierungen wurde bisher lediglich der Einfluß unterschiedlicher Ausgangsoberflächen untersucht, und zwar zum einen für die Legierungen AlMg 5 und AlMg 0,5 Si 1,2 im Hinblick auf eine Ausweitung der Verfahrensgrenzen beim Tiefziehen [52], zum anderen für die Legierungen AlMg 0,4 Si 1,2

[69] und AA 2036 (AlCuMg) [55] im Hinblick auf die Reibzahl und das Auftreten von Kaltverschweißungen beim Streifenziehen.

Die aus dem Stand der Erkenntnisse abgeleitete Zielsetzung der Untersuchung umfaßte zwei unterschiedliche Schwerpunkte. Im ersten Schwerpunkt sollten wichtige Einflußgrößen auf das Auftreten von Kaltverschweißungen ermittelt werden, einer "Fehlererscheinung", die für Aluminiumwerkstoffe typisch ist und die Qualität der Fertigteiloberfläche stark beeinträchtigt.

Es war zu klären, welchen Einfluß die Variation der in Bild 5 (rechte Hälfte) aufgeführten Parameter auf die Reibungsverhältnisse und damit auf das Auftreten von Kaltverschweißungen haben würde. Insbesondere sollte mit Hilfe dieses Versagenskriteriums die Eignung verschiedener Schmierstoffe für das Ziehen von Blechteilen aus Aluminiumlegierungen überprüft werden.

Im Rahmen des zweiten Schwerpunkts sollte systematisch der Einfluß wichtiger Vorgangsparameter beim Ziehen (s. Bild 5) auf die Veränderungen der Blechoberfläche untersucht werden. Die enge Verknüpfung von freier und gebundener Umformung beim Ziehvorgang erforderte zunächst die genaue Kenntnis des Oberflächenverhaltens bei freier Umformung in Abhängigkeit vom Umformgrad sowie von Korngröße und Anfangsrauheit der Versuchswerkstoffe. Auf der Grundlage der Verhältnisse bei freier Umformung sollten die Oberflächenveränderungen auch bei überlagerter gebundener Umformung in Modellversuchen und realen Ziehversuchen unter Einbeziehung der wichtigsten Einflußgrößen untersucht werden.

Für die Oberflächenbeschaffenheit von Ziehteilen, insbesondere auch von Karosserieteilen, stellt sich deshalb ein Optimierungsproblem. Zunächst ist das Auftreten von Kaltverschweißungen im Hinblick auf einen störungsfreien Produktionsablauf auf jeden Fall zu vermeiden.

Im Zusammenhang mit Oberflächenveränderungen ergibt sich die größte zulässige Werkstückrauheit (nach dem Umformen) an Karosserieteilen aus der Forderung, daß sich diese nach einer

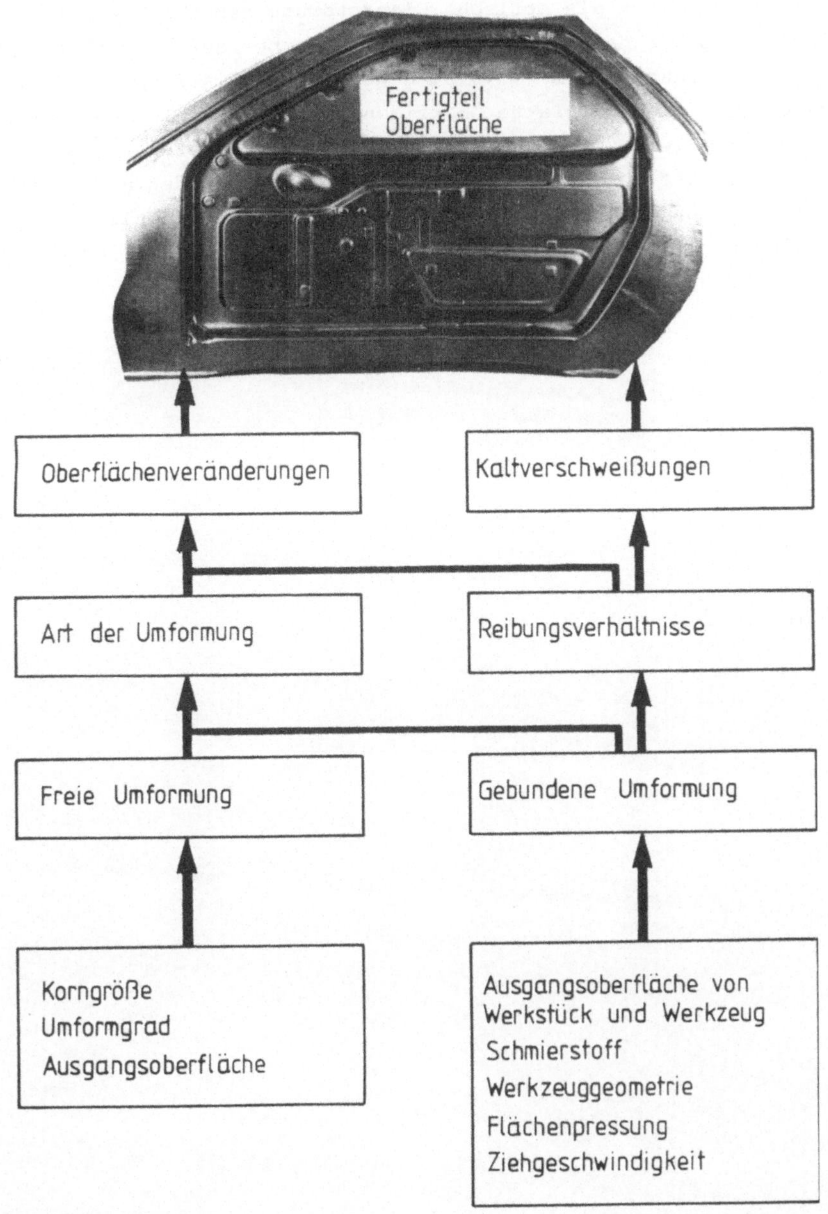

Bild 5: Beeinflussung der Fertigteiloberfläche beim Ziehen.

Lackierung nicht als optische Glanzstärung bemerkbar machen darf. Dies ist nach [70] für eine vierfache Lackbeschichtung bei einer Rauhtiefe R_t < 10 µm gewährleistet. Auf der anderen Seite kann eine zu glatte Oberfläche einer guten Lackhaftung abträglich sein, wobei hier keine Zahlenwerte bekannt sind. Anhaltspunkte für eine derartige Optimierung wurden anhand von Angaben über geeignete Aluminiumlegierungen hinsichtlich Korngröße und Ausgangsoberfläche sowie über günstige Kombinationen der Vorgangsparameter erwartet.

2 Experimentelle Untersuchungen mit Blechen aus Aluminiumlegierungen - Versuchsdurchführung

Für eine systematische Untersuchung der beiden Schwerpunkte der Arbeit - "Kaltverschweißungen" und "Oberflächenveränderungen" - wurde ein Versuchsplan aufgestellt, der die in Bild 5 aufgeführten Parameter beinhaltet. Die Beanspruchungen beim Tief- und Karosserieziehen wurden entsprechend Bild 6 [57] durch Modellversuche und reale Ziehversuche nachgeahmt.

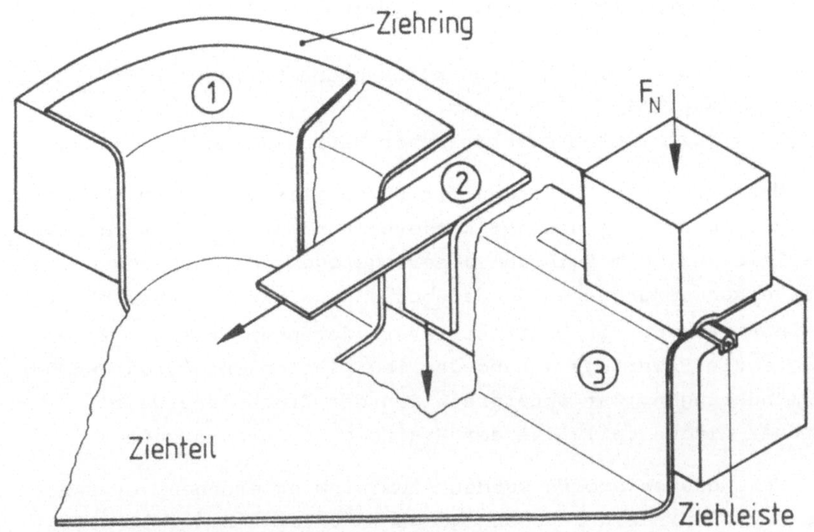

1 ——► Tiefziehbeanspruchung
2 ——► Beanspruchung vorwiegend in Ziehrichtung
3 ——► Streckziehbeanspruchung

Bild 6: Beanspruchungen beim Ziehen unregelmäßiger Blechteile [57].

Zu diesen gehörten das Streifenziehen mit und ohne Umlenkung (Bereich 2), das Tiefziehen kreisrunder Näpfe (Bereich 1) sowie das Ziehen quadratischer Näpfe ohne und mit Ziehleisten (Bereich 3).

Entsprechend der Zielsetzung ergab sich eine grobe Gliederung der experimentellen Untersuchungen in zwei Abschnitte:

1. Ermittlung von Einflußgrößen auf das Auftreten von Kaltverschweißungen durch Streifenziehversuche ohne Umlenkung (Ergebnisse in Kap. 3).

2. Untersuchung von Veränderungen der Blechoberfläche
   - bei freier Umformung durch Zug- und Biegeversuche (Ergebnisse in Kap. 4)
   - beim Streifenziehen mit Umlenkung (Ergebnisse in Kap. 5)
   - beim Tiefziehen von kreisrunden Näpfen (Ergebnisse in Kap. 5)
   - beim Ziehen quadratischer Näpfe (Ergebnisse in Kap. 5).

Als Meßgrößen zur Bewertung der Ergebnisse wurden im Abschnitt 1 die Ziehkraft F_Z und der Niederhalterdruck p_N, bzw. daraus resultierend, die Reibzahl μ herangezogen. Das Auftreten von Kaltverschweißungen wurde darüber hinaus visuell überprüft. Im Zusammenhang mit Oberflächenveränderungen (Abschn. 2) erfolgte die Bewertung anhand der Oberflächenkenngrößen und der Formänderungen. Zur Interpretation der Ergebnisse wurde darüber hinaus teilweise der Kraftbedarf herangezogen.

Als Versuchswerkstoffe wurden Aluminiumlegierungen verwendet, die bereits in einer vorangegangenen Untersuchung [9] eingesetzt wurden. Es handelt sich dabei um die naturharten Legierungen AlMg 2,5 und AlMg 5 sowie die aushärtbare Legierung AlMg 0,4 Si 1,2 mit einheitlich 1,0 mm Blechdicke. Teilweise wurde als Vergleichswerkstoff der Stahlwerkstoff St 1403 verwendet. Die Angabe der untersuchten Vorgangsparameter erfolgt bei der Beschreibung der Versuchsdurchführung (Absch. 2.4 bis 2.8) (s. auch Tabelle 3 und 6).

Aufgrund des großen Meßaufwands bei der Ermittlung der Formänderungsverteilungen und der Rauheitskenngrößen sowie der Vielzahl der Einflußgrößen war es nicht möglich, jede Parameterkombination für alle drei Versuchswerkstoffe zu untersuchen. In diesen Fällen wurden jedoch Stichversuche durchgeführt, um etwaige werkstoffbedingte Abhängigkeiten feststellen zu können.

2.1 Beschreibung der Oberflächenbeschaffenheit

Die meßtechnische Erfassung der Oberflächenbeschaffenheit erfolgte mit Hilfe eines mikroprozessorgesteuerten Meß- und Auswertegeräts vom Typ HOMMEL TESTER T 20 S, das nach dem Tastschnittverfahren arbeitet und die Erfassung der in DIN 4762/4768 genormten Kenngrößen ermöglicht.

Die Anwendung statistischer Methoden zur Beschreibung des Oberflächenkollektivs wurde durch ein im Meßgerät implementiertes Statistikprogramm vereinfacht, das eine schnelle Verarbeitung der Einzelmeßwerte zu Kollektivgrößen wie Mittelwert, Standardabweichung und Streuung ermöglichte.

Bei den Messungen waren folgende Größen am Meßgerät fest eingestellt:

- Taststrecke l_t = 4,8 mm
- Tastgeschwindigkeit v_t = 0,5 mm/s
- Grenzwellenlänge λ_c = 0,8 mm

Lediglich beim Ausmessen der Eckenbereiche der quadratischen Näpfe (r_E = 20 mm) mußte die Taststrecke auf l_t = 2,5 mm verringert werden. Dabei änderte sich automatisch die Tastgeschwindigkeit auf v_t = 0,2 mm/s und die Grenzwellenlänge auf λ_c = 0,25 mm. Bei Vergleichsmessungen an Ausgangsoberflächen wurde jedoch kein Einfluß der geänderten Meßbedingungen auf das Meßergebnis festgestellt. Sofern nicht besonders darauf hingewiesen wird, wurden alle Oberflächenmessungen unter 90 ° zur Walzrichtung durchgeführt. Eine Beurteilung der Oberflächenbeschaffenheit sollte auf jeden Fall sowohl anhand von Senkrecht- als auch von Waagrechtkenngrößen erfolgen. Nur so läßt sich neben einer Erfassung der Rauheitskennwerte auch die Profilform von Oberflächen charakterisieren.

Für die Beschreibung der gegen Kaltverschweißungen und Kratzer empfindlichen Aluminiumoberflächen sollten darüber hinaus solche Kenngrößen herangezogen werden, die relativ unempfindlich auf derartige Ausreißer reagieren. Bild 7 zeigt eine unter diesen Gesichtspunkten zusammengestellte Auswahl von Kenngrößen, wie sie in der vorliegenden Untersuchung verwendet wurden.

Beschreibung von Oberflächen nach DIN 4762/4768			
Zeichen	**Benennung**	**Definition**	**Auswertung**
$R_{z\,DIN}$	Gemittelte Rauhtiefe	$R_z = \frac{1}{5}(Z_1 + \ldots + Z_5)$	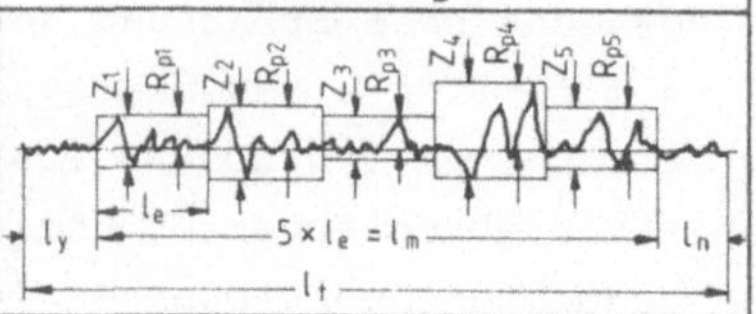 Z_1, R_{p1}, Z_2, R_{p2}, Z_3, R_{p3}, Z_4, R_{p4}, Z_5, R_{p5}; l_e; l_v; $5 \times l_e = l_m$; l_n; l_t
R_{pm}	Gemittelte Glättungstiefe	$R_{pm} = \frac{1}{5}(R_{p1} + \ldots + R_{p5})$	
R_a	Mitten-rauhwert	$R_a = \frac{1}{l_m} \int_{x=0}^{x=l_m} (y)\,dx$	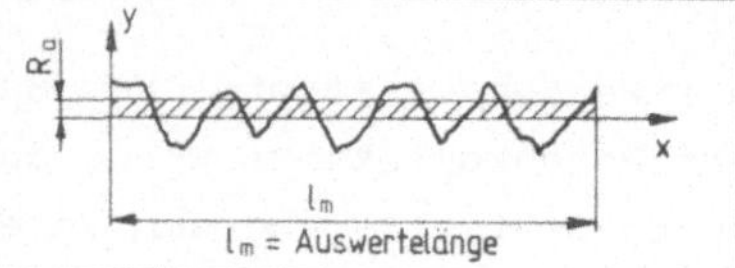 R_a; y; x; l_m; l_m = Auswertelänge
t_{pi}	Mikroprofil-traganteil Abbottsche Tragkurve	l_{ci}/l_m in %, wenn das gefilterte Profil im Abstand c_{tp} [µm] von der höchsten Profilspitze parall. zur Mittellinie geschnitten wird	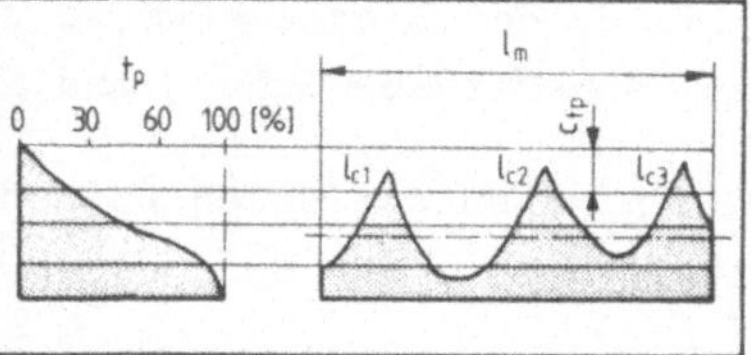 t_p; 0 30 60 100 [%]; l_m; c_{tp}; l_{c1}, l_{c2}, l_{c3}

Bild 7: Oberflächenkenngrößen nach DIN 4762/4768.

Neben diesen Kenngrößen wurden noch die Rauhtiefe R_t und die Glättungstiefe R_p ermittelt, jedoch nicht zur Darstellung der Ergebnisse verwendet. Dagegen wurde der arithmetische Mittenrauhwert R_a teilweise in den Diagrammen erfaßt, da er nach wie vor im englischsprachigen Schrifttum dominiert und nur so etwaige Vergleiche möglich waren. Er liefert jedoch keine größere als die schon von R_z und R_{pm} erhaltene Information. Für den Profiltraganteil wurde die Darstellung $t_{pi} = f\,(c/R_z)$ gewählt, d. h. die Schnittlinientiefe c wurde auf den R_z-Wert des jeweiligen Werkstoffs bezogen. Auf diese Weise lassen sich unterschiedliche Profilformen quantitativ vergleichen [58].

Neben den genormten Kenngrößen wurden als abgeleitete Größen der Profilleeregrad λ_p und der räumliche Leeregrad λ_r verwendet. Der Profilleeregrad λ_p als Verhältnis von R_{pm} zu R_z stellt ein Maß für die Wandlung einer abgespanten oder frei umgeformten Oberfläche zu einer gebunden umgeformten insofern dar, als λ_p mit zunehmender Einebnung der Oberfläche abnimmt [48].

Bild 8 verdeutlicht die Aussagefähigkeit dieser Kenngröße anhand von vier idealisierten Rauheitsprofilformen, für die sich trotz einheitlicher Rauhtiefe von R_t = 20 µm eindeutige Unterschiede im Profilleeregrad ergeben [58].

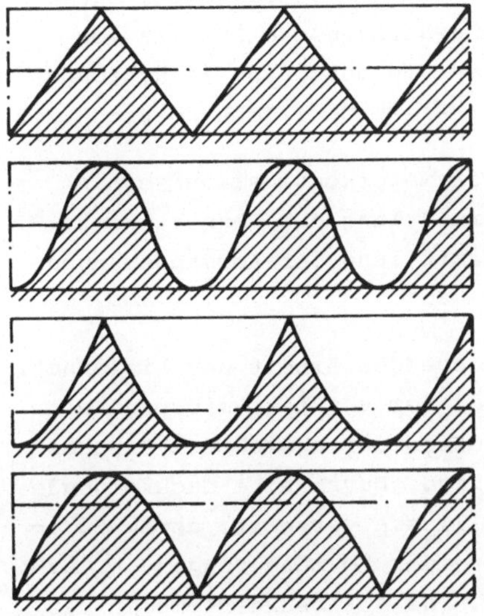

Idealisierte Rauheitsprofilform	R_t µm	R_p µm	$\lambda_p = R_p/R_t$
	20	10	0,5
	20	10	0,5
	20	15,7	0,785
	20	4,3	0,215

Bild 8: Zusammenhang zwischen Oberflächen-Profilform und Profilleeregrad λ_p [58].

Der räumliche Leeregrad λ_r läßt sich für die vorliegenden Oberflächen nach der Beziehung

$$\lambda_r = \frac{1}{3} (3 \ \lambda_{p1} + 3 \ \lambda_{p2} - 4 \ \lambda_{p1} \ \lambda_{p2}) \quad (1)$$

berechnen [10], wobei λ_{p1} und λ_{p2} die Profilleeregrade in zwei senkrecht zueinander stehenden Richtungen sind. Der Wert von λ_r gibt bei gegebener Rauhtiefe z. B. an, wieviel Schmierstoff eine Oberfläche aufnehmen kann und wurde deshalb vor allem zur Charakterisierung der Ausgangsoberflächen im Zusammenhang mit dem Auftreten von Kaltverschweißungen herangezogen.

Eine qualitative Beurteilung der Oberflächen wurde mit Hilfe von Profilschrieben und REM-Aufnahmen vorgenommen.

2.2 Ermittlung der Formänderungen

Die Messung der Formänderungen wurde mit dem Ziel durchgeführt, einen Zusammenhang zwischen Formänderungs- und Rauheitsverteilung umgeformter Oberflächen herstellen zu können. Da bei freier Umformung eine lineare Abhängigkeit zwischen Formänderung und Rauheitsänderung besteht [10], sollte es möglich sein, mit Hilfe einer Formänderungsanalyse die Anteile von freier und gebundener Umformung an den durch den Ziehvorgang hervorgerufenen Veränderungen der Blechoberfläche abzuschätzen.

Zu diesem Zweck wurde für jede Parameterkombination je ein Streifen oder Napf blank - zur Ermittlung der Rauheitswerte - und einer mit Liniennetz - zur Ermittlung der Formänderungen - gezogen.

Als Meßmethode wurde in der vorliegenden Arbeit das Liniennetzverfahren (Bild 9) angewendet, bei dem vor der Umformung ein Raster von sich überdeckenden Kreisen durch elektrolytisches Ätzen auf das Blech aufgebracht wird. Durch eine nachfolgende Umformung werden die Kreise zu Ellipsen verzerrt, deren Halbachsenlängen ein Maß für die Größe der Formänderungen φ_R bzw. φ_1 und φ_T bzw. φ_2 darstellen. Das Auflösungsvermögen der Messung hängt von der Wahl des Meßkreisdurchmessers ab, der aus diesem Grund immer wesentlich kleiner als die am Ziehteil auftretenden Krümmungsradien gewählt werden sollte [15].

In Anlehnung an die Untersuchung von Blaich [9], die mit denselben Werkzeugen durchgeführt wurde, wurden Meßkreise mit einem Außendurchmesser von 8,2 mm für die kreisrunden Näpfe und von 5 mm für die quadratischen Näpfe verwendet. Damit ist für die vorliegende Aufgabenstellung eine ausreichende Genauigkeit gewährleistet.

Das Ausmessen der Ellipsenhalbachsen erfolgte bei größeren Krümmungshalbmessern mit Hilfe eines Meßlineals, bei kleineren anhand von Lackabzügen.

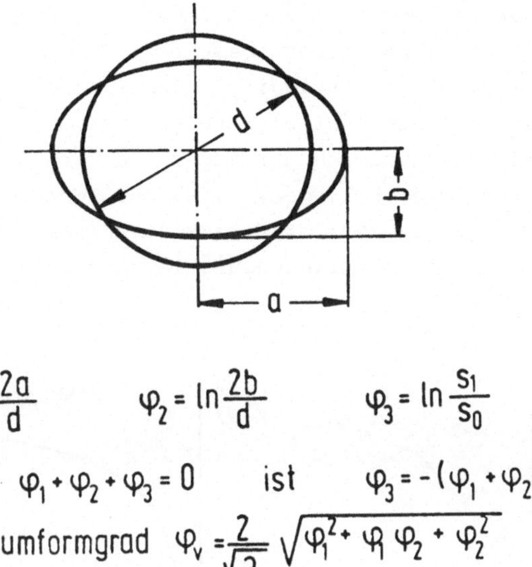

$$\varphi_1 = \ln\frac{2a}{d} \qquad \varphi_2 = \ln\frac{2b}{d} \qquad \varphi_3 = \ln\frac{s_1}{s_0}$$

wegen $\varphi_1 + \varphi_2 + \varphi_3 = 0$ ist $\varphi_3 = -(\varphi_1 + \varphi_2)$

Vergleichsumformgrad $\varphi_v = \frac{2}{\sqrt{3}} \sqrt{\varphi_1^2 + \varphi_1 \varphi_2 + \varphi_2^2}$

Bild 9: Prinzip der Auswertung von Liniennetzen.

2.3 Eigenschaften der untersuchten Aluminiumlegierungen

Von den für die Versuche ausgewählten Werkstoffen entspricht AlMg 2,5 dem in DIN 1745 genormten Werkstoff Nr. 3.3523, während AlMg 5 und AlMg 0,4 Si 1,2 dort nicht aufgenommen sind. Aufgrund ihrer chemischen Zusammensetzung (Tabelle 1) können sie jedoch mit drei im internationalen Verzeichnis für Aluminium-Knetwerkstoffe [58] enthaltenen Legierungen verglichen werden: So entspricht AlMg 5 etwa AA 5182 und AlMg 0,4 Si 1,2 ist AA 6009 und AA 6010 ähnlich.

Die Legierungen AlMg 5 und AlMg 0,4 Si 1,2 wurden gezielt für den Einsatz im Karosseriebau entwickelt. Die naturharten Werkstoffe (AlMg 2,5 und AlMg 5) lagen im Werkstoffzustand "weich" vor, AlMg 0,4 Si 1,2 in einem kaltausgehärteten stabilen Zustand. Bei letzterem tritt unter den Bedingungen einer Einbrennlackierung (z. B. 90 min bei 180 °C) eine weitere Aushärtung ein.

Der Anwendungsbereich für die Karosseriewerkstoffe wird durch das Kriterium "Fließfiguren" bestimmt. Für die Legierungen vom Typ AlMg sind auf diskontinuierlichen Fließerscheinungen beruhende Fließfiguren charakteristisch (Bild 10) [18]. Deshalb sind die AlMg-Legierungen nur für Teile verwendbar, die nicht im sichtbaren Bereich liegen, z. B. für Innenversteifungen. AlMg 0,4 Si 1,2 dagegen ist fließfigurenfrei und wird deshalb überwiegend für Karosserieaußenteile eingesetzt (Bild 10) [17].

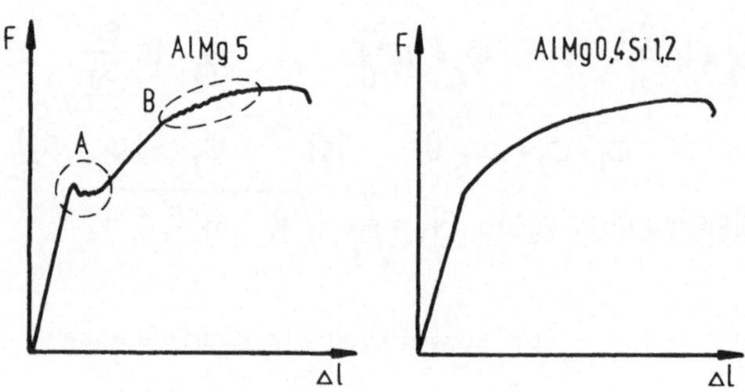

A.....Fließfiguren des Typs A
("Lüders-Bänder")

B.....Fließfiguren des Typs B
("Portevin-Le Chatelier-Effekt")

Bild 10: Kraft-Verlängerungs-Diagramm der Aluminiumlegierungen AlMg5 und AlMg0,4Si1,2 (schematisch).

Die AlMg 0,4 Si 1,2-Bleche waren ab Walzwerk einseitig mit einer PVC-Folie versehen, die mit Ausnahme von Stichversuchen jedoch vor den Versuchen entfernt wurde.

Kennwerte aus dem Zugversuch

Die wichtigsten mechanischen Kennwerte der Aluminiumlegierungen sind in Tabelle 2 zusammengefaßt. Es handelt sich dabei um Werte aus Messungen, die 1980 durchgeführt wurden. Bei 1982 durchgeführten Stichproben konnten demgegenüber keine Veränderungen festgestellt werden.

Charakteristisch für die Aluminiumlegierungen sind der im Vergleich zu Stahlblech hohe Verfestigungsexponent ($n > 0,23$) sowie die niedrige senkrechte Anisotropie ($r < 1$), verbunden mit einer relativ geringen ebenen Anisotropie. Somit ist nur eine geringe Neigung zur Zipfelbildung vorhanden.

Zusammen mit den niedrigeren Werten der Gleichmaß- und Bruchdehnungen führt dies gegenüber Stahlblech zu einem geringeren Formänderungsvermögen [9].

Oberfläche im Ausgangszustand

Die Versuchswerkstoffe wiesen alle die zur Zeit für Aluminiumbleche übliche "mill-finish"-Oberfläche auf, d. h. es besteht eine Richtungsabhängigkeit der Rauheit von der Walzrichtung. Dies zeigt eine Betrachtung der Rauheitskennwerte in Bild 11.

Die unter 90 ° zur Walzrichtung gemessenen Werte liegen um das zweifache (AlMg 5) bis vierfache (AlMg 0,4 Si 1,2) über den parallel zur Walzrichtung gemessenen. Für St 1403 ergibt sich dagegen keine Abhängigkeit von der Walzrichtung - die Oberfläche ist isotrop. Bei AlMg 2,5 unterscheidet sich zudem die Rauheit von Blechvorder- und -rückseite um den Faktor 1,5, während sich Vorder- und Rückseite bei AlMg 5 überhaupt nicht und bei AlMg 0,4 Si 1,2 nur geringfügig unterscheiden. Damit es zu keinen Verfälschungen der Meßergebnisse kommen konnte, wurden die AlMg 2,5-Bleche genau gekennzeichnet, die Kennzeichnung der AlMg 0,4 Si 1,2-Bleche war durch die Folie gewährleistet.

Im Zusammenhang mit der Forderung nach einer Mindestrauheit von Blechoberflächen [51] ist der Vergleich zwischen dem in der Großserienfertigung eingeführten Tiefzieh-Stahlblech und den untersuchten Aluminiumblechen interessant. Die Aluminiumbleche sind nämlich um den Faktor 2 bis 3 glatter als das Stahlblech St 1403 und lassen deshalb im Hinblick auf die Vermeidung

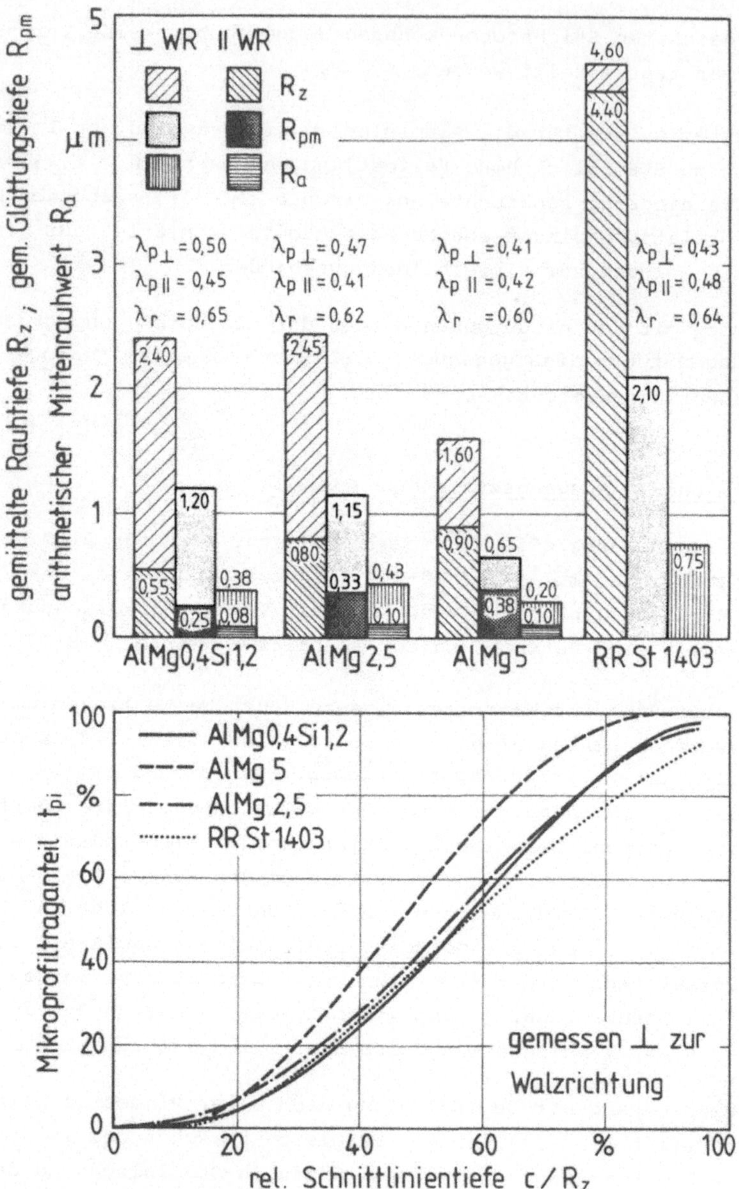

Bild 11: Oberflächenkennwerte der Versuchswerkstoffe im Ausgangszustand.

von Faltenbildung und Kaltverschweißungen keine optimalen Eigenschaften erwarten.

Die Profiltraganteilkurven in Bild 10 zeigen, daß AlMg 2,5, AlMg 0,4 Si 1,2 und St 1403 vergleichbare Profilformen aufweisen. Lediglich bei AlMg 5 nimmt der Traganteil mit zunehmender Schnittlinientiefe stärker zu. AlMg 5 besitzt auch den kleinsten räumlichen Leeregrad (λ_r = 0,60) und damit das geringste Schmierstoff-Aufnahmevermögen. AlMg 0,4 Si 1,2 und RRSt 1403 weisen mit 0,65 und 0,64 die größten λ_r-Werte auf. Die Werte für den Profilleeregrad liegen für alle Werkstoffe zwischen 0,4 und 0,5.

Die im Schrifttum für einen optimalen Ziehvorgang geforderten Eigenschaften von Blechoberflächen, vor allem im Hinblick auf die Vermeidung von Kaltverschweißungen, erfüllt von den Versuchswerkstoffen am besten AlMg 0,4 Si 1,2, am wenigsten AlMg 5. Daß AlMg 5 das größte Formänderungsvermögen der untersuchten Legierungen aufweist, ist auf die für diese Legierung typische gleichmäßige Dehnungsverteilung im Zugversuch zurückzuführen, was bei Ziehteilen zu einem Abbau der Spannungs- bzw. Formänderungsspitzen und damit zu einer relativ günstigen Formänderungsverteilung führt.

Korngröße

Auf den Einfluß der Korngröße auf Oberflächenveränderungen bei freier Umformung wurde bereits hingewiesen (Absch. 1.2.1). Sie ist aus diesem Grund in der vorliegenden Arbeit als wichtiger Parameter anzusehen. Bild 12 zeigt Gefügeaufnahme der drei Aluminiumlegierungen sowie des Stahlblechs St 1403.

Von den Aluminiumlegierungen weist AlMg 0,4 Si 1,2 die größte, AlMg 5 die kleinste Korngröße auf, während AlMg 2,5 genau dazwischen liegt. Die Korngröße des Stahlblechs liegt geringfügig unter der von AlMg 0,4 Si 1,2.

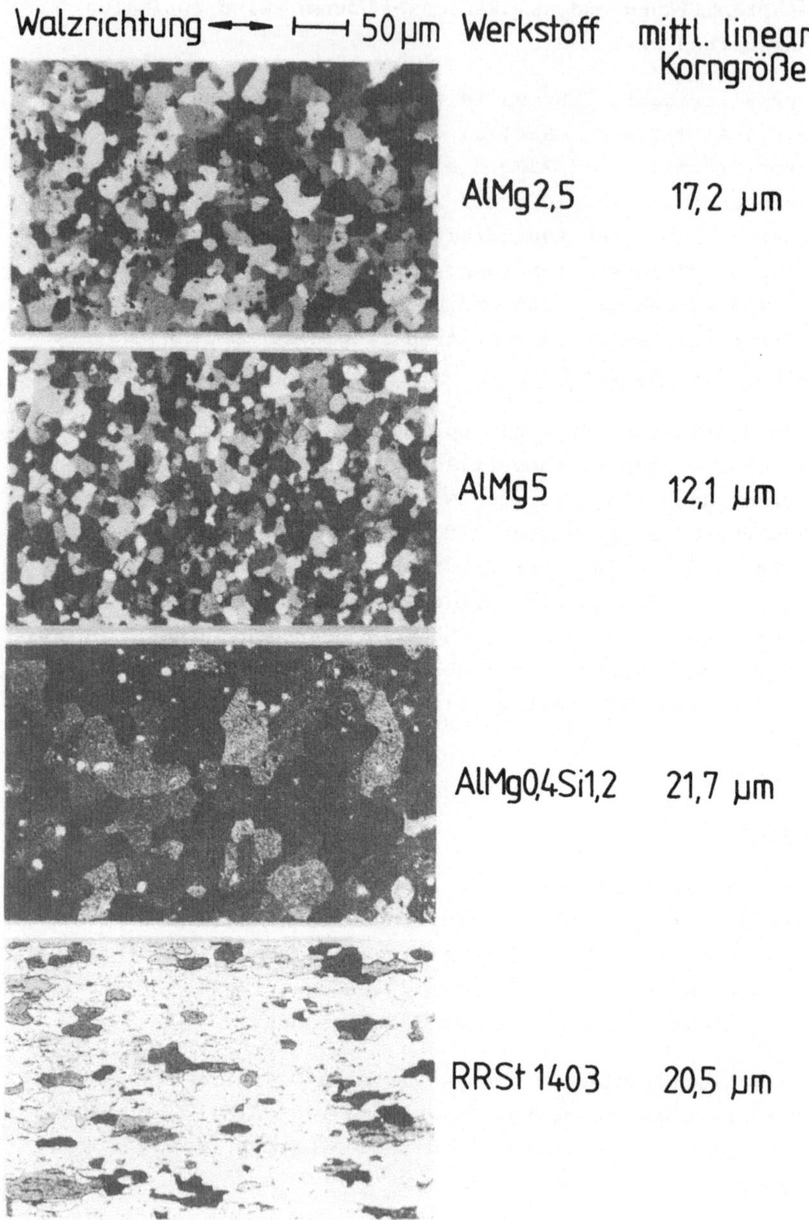

Bild 12: Gefügeaufnahmen der Versuchswerkstoffe.

2.4 Oberflächenveränderungen bei Zug- und Biegeversuchen

Zur Ermittlung der Rauheitsänderung der Aluminiumlegierungen bei freier Umformung wurden in Anlehnung an [10] Zug- und Biegeversuche durchgeführt.

Für die Zugversuche wurden Zugproben nach einem Vorschlag von Kienzle [60] verwendet (Bild 13). Er stellte fest, daß man an einem Blechstreifen eine ganze Skala von Rauhtiefen eines ungerichteten Rauhgebirges erzeugen kann, indem man ihm entsprechend Bild 13 eine kurvige Seitenbegrenzung gibt, die eine Zunahme der Dehnung proportional zu ihrer Entfernung von A ergibt.

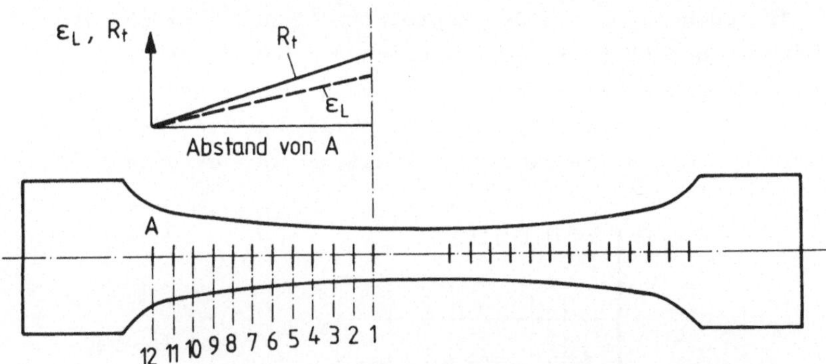

Bild 13: Streifenrauhleiter mit längenproportionaler Verteilung der freien Rauhung [60].

Das Meßraster wurde vor und nach den Zugversuchen mit dem Meßmikroskop ausgemessen, aus der Längenänderung der einzelnen Abschnitte ließen sich dann die entsprechenden Umformgrade errechnen.

Die Biegeversuche (Biegen im V-Gesenk) wurden mit Proben der Abmessung 20 x 60 mm durchgeführt. Unterschiedliche Formänderungen wurden durch fünf verschiedene Stempelkantenradien erreicht. Die entsprechend der Rückfederung entstandenen Radien wurden auf dem Profilprojektor ausgemessen. Daraus ließen sich schließlich die wirksamen Biegeradien berechnen.

Anschließend wurde die Oberfläche der Zug- und Biegeproben mit dem Oberflächenmeßgerät gemessen, so daß der Zusammenhang zwischen Formänderung und Rauheitsänderung hergestellt werden konnte.

2.5 Streifenziehen mit ebener Niederhalterfläche

Werkzeug

Die Versuche wurden mit dem von Hasek [15] entwickelten Streifenziehwerkzeug durchgeführt (Bild 14).
Bei dem Werkzeug handelt es sich um ein geschlossenes Viersäulengestell mit fester Grund- und Kopfplatte sowie beweglicher Zwischenplatte. An der Kopfplatte können auswechselbare Ziehbacken befestigt werden, während die bewegliche Zwischenplatte den Niederhalter trägt. Zwischen Grund- und Zwischenplatte ist ein induktiver Kraftaufnehmer vom Typ Hottinger-Baldwin U 2 mit Hilfe zweier Einstellscheiben eingebaut, die

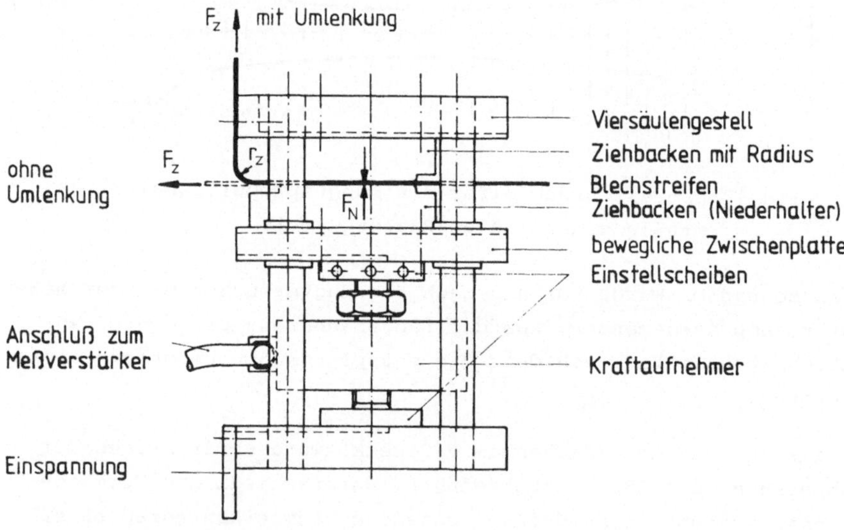

Bild 14: Versuchswerkzeug zum Streifenziehen [15].

durch Verdrehen eine Veränderung des Niederhalterdrucks ermöglichen. Die Niederhalterkraft wird vom Kraftaufnehmer gemessen und über einen Meßverstärker angezeigt. Durch eine nachträglich angefertigte Einspannvorrichtung konnte das Werkzeug um 90 ° gedreht eingebaut werden, so daß auch Streifenziehversuche ohne Umlenkung durchgeführt werden konnten.

Das Werkzeug ist so ausgelegt, daß es in einer Universalprüf- UHP 40 (Losenhausenwerk AG, Düsseldorf) betrieben werden kann. Die größtmögliche Arbeitskolbengeschwindigkeit der Prüfmaschine beträgt 2 mm/s, bei zusätzlichem, gleichzeitigem Verfahren des mechanisch angetriebenen unteren Spannkopfs konnten 12,5 mm/s erreicht werden.

Die Kraft-Weg-Verläufe wurden mit dem Schreibgerät der Prüfmaschine aufgezeichnet, zusätzlich wurde die jeweils größte Ziehkraft mit Hilfe eines Schleppzeigers ermittelt.

Streifenziehen ohne Umlenkung

Ziel dieser Versuche war es, das Auftreten von Kaltverschweissungen in Abhängigkeit von verschiedenen ausgewählten Parametern zu untersuchen. Diese sind in Tabelle 3 zusammengefaßt. Die Blechstreifen wurden 15 mm breit gewählt, um bei gegebener Höchstbelastung des Kraftaufnehmers höhere Niederhalterdrücke (p_{Nmax} = 8,0 N/mm²) aufbringen zu können.

Der Niederhalterdruck wurde zwischen 1,5 und 8,0 N/mm² bei einem Ziehweg von 100 mm so lange erhöht, bis Kaltverschweißungen auftraten. Diese ließen sich am Kraft-Weg-Verlauf erkennen und wurden dann noch visuell überprüft.

Wie Bild 15 a zeigt, bleibt die Ziehkraft mit Ausnahme des instationären Anlaufvorgangs über dem Weg konstant, solange keine Kaltverschweißungen auftreten (p_{N1} bis p_{N3}). Tritt dieser Fall ein (p_{N4}), so steigt die Ziehkraft über s ständig bis zu einem Punkt an, an dem abwechselndes Verschweißen und Abreißen zwischen Blech- und Werkzeugwerkstoff ein weiteres Ansteigen der

Ziehkraft verhindert. Trägt man nun die Ziehkraft über dem Niederhalterdruck auf (Bild 15 b), so ergeben sich Geraden mit konstanter Reibzahl bis zum Versagensfall (Regressionsgeraden aus den Einzelmeßpunkten, R > 98 %). Für die Praxis ist nicht allein die Höhe der Reibzahl entscheidend, sondern vielmehr der Niederhalterdruck, bei dem unter bestimmten Vorgangsbedingungen Kaltverschweißungen auftreten.

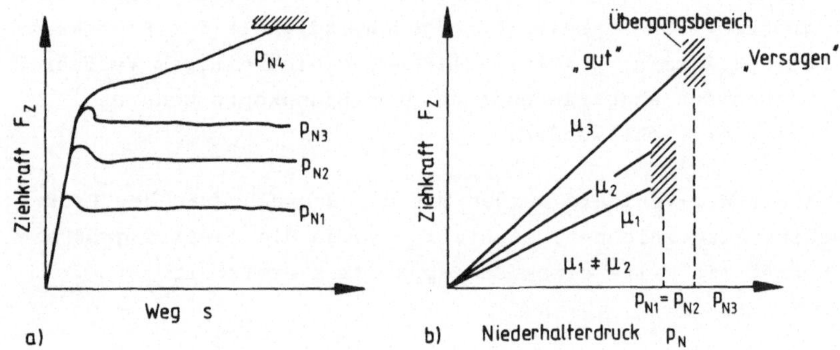

Bild 15: Kaltverschweißungen beim Streifenziehen ohne Umlenkung
a) Kraft-Weg-Verläufe
b) Versagen in Abhängigkeit vom Niederhalterdruck.

Eine meßtechnische Erfassung der Oberflächenbeschaffenheit der durchgezogenen Streifen wurde nicht vorgenommen, dies war Gegenstand der Streifenziehversuche mit Umlenkung.

Mit dem Streifenziehversuch ohne Umlenkung wurden insgesamt elf für die Verarbeitung von Aluminium empfohlene Schmierstoffe getestet. Für die weiteren Versuche wurden daraus jeweils zwei bis drei Schmierstoffe ausgesucht, die in etwa den Viskositätsbereich aller Schmierstoffe abdeckten. Die Schmierstoffe wurden möglichst dünn von Hand aufgetragen (ca. 7 bis 10 g/m²). Eine Zusammenstellung aller verwendeten Schmierstoffe zeigt Tabelle 4.

Die beim Streifenziehen ohne Umlenkung untersuchten Werkzeugwerkstoffe und Oberflächenbehandlungsverfahren sind mit Angabe der Härte- und Oberflächenkennwerte in Tabelle 5 aufgeführt.

Streifenziehen mit Umlenkung

Anhand von Streifenziehversuchen mit Umlenkung sollten die Oberflächenveränderungen in den Bereichen Niederhalter und Ziehkantenradius sowie am durchgezogenen Streifen untersucht werden. Die Versuchsparameter waren dabei Schmierstoff, Ziehkantenradius und Niederhalterdruck (s. Tabelle 3). Die Streifenbreite betrug 30 mm, der Ziehweg 100 mm.

Als Meßgröße wurde während des Ziehvorgangs die maximale Ziehkraft erfaßt. Bild 16 zeigt, an welchen Stellen des durchgezogenen Streifens die Oberflächenmessungen erfolgten.

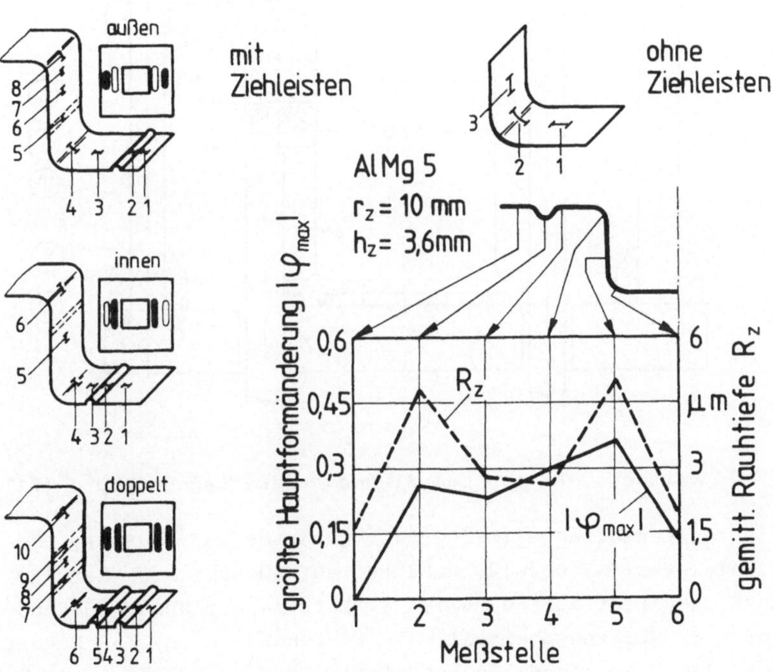

Bild 16: Ermittlung von Oberflächenkennwerten und Formänderungen beim Streifenziehen.

2.6 Streifenziehen über Ziehleisten

In dieser Versuchsreihe sollte geklärt werden, welchen Einfluß der Einsatz von Ziehleisten im Niederhalterbereich auf die Oberflächenbeschaffenheit ausübt. Mit dem in [61] beschriebenen

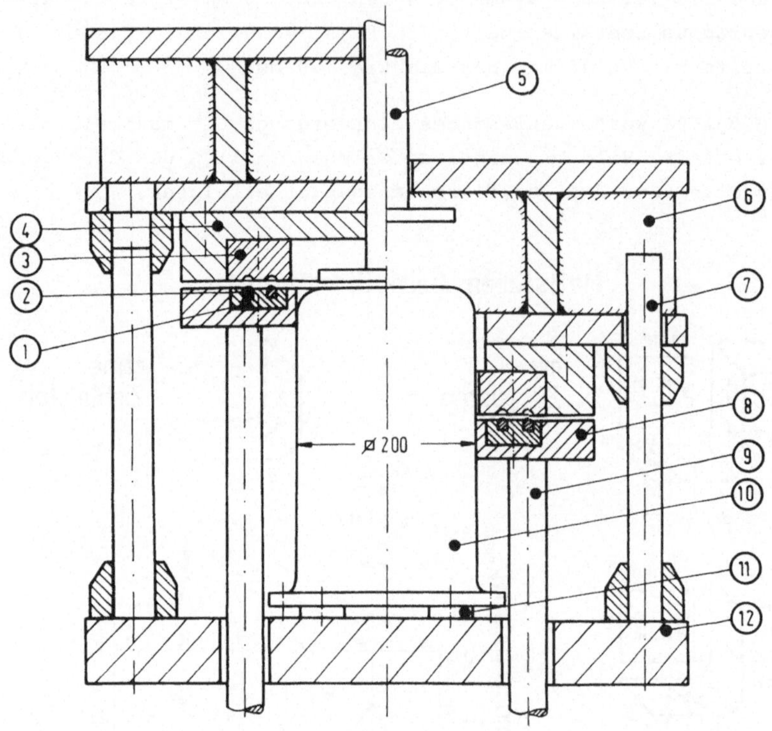

Bild 17: Versuchswerkzeug zum Ziehen quadratischer Näpfe [61].

1 Ziehleistenaufnahme (X210CrW12, gehärtet auf 60 HRC), 2 Ziehleisten (X210CrW12, gehärtet auf 60 HRC), 3 Matrize (90MnV8, gehärtet auf 60 HRC), 4 Matrizenaufnahme, 5 Auswerfer, 6 Werkzeugoberteil, 7 Führungsstangen, 8 Niederhalter (16MnCr5, einseitig gehärtet), 9 Druckstifte, 10 Ziehstempel (GG 30), 11 Ziehkraftaufnehmer, 12 Grundplatte.

quadratischen Ziehwerkzeug mit 200 mm Kantenlänge, 20 mm Eckenradius und 20 mm Bodenradius (Bild 17), das in eine ölhydraulische Presse mit einer Nennkraft von 2000 kN eingebaut war, wurden 80 mm breite Blechstreifen bis zu einer Ziehtiefe von 100 mm gezogen.

Die wesentlichen Parameter waren dabei Ziehleistenhöhe und Ziehleistenanordnung (s. Tabelle 3). Die Ziehgeschwindigkeit betrug einheitlich 10 mm/s. Während des Ziehvorgangs wurde auf einem x-y-Schreiber die Stempelkraft in Abhängigkeit vom Stempelweg aufgezeichnet.

Die Formänderungen wurden wie die Oberflächenkennwerte entlang der Streifenmittellinie ermittelt, so daß eine relativ genaue Zuordnung von Formänderung und Rauheitsänderung möglich war. Bild 16 zeigt die Meßstellen in Abhängigkeit von der Ziehleistenanordnung. In der rechten Bildhälfte ist beispielhaft der Verlauf der größten Hauptformänderung $|\varphi_{max}|$ bzw. der gemittelten Rauhtiefe R_z in Abhängigkeit von den einzelnen Meßstellen dargestellt.

2.7 Tiefziehen kreisrunder Näpfe

Mit dem in [62] beschriebenen Werkzeug wurden Näpfe mit 125 mm Innendurchmesser gezogen. Das Werkzeug war in eine ölhydraulische Presse mit einer Nennkraft von 600 kN eingebaut.
Die Stößelgeschwindigkeit betrug bei den meisten Versuchen 50 mm/s. Die Stempelkraft wird über einen zwischen Stempel und Pressentisch angeordneten Kraftaufnehmer gemessen, zur Messung der Niederhalterkraft sind an einem der zwischen Niederhalter und Ziehkissen befindlichen Druckbolzen Dehnungsmeßstreifen angebracht. Mit Hilfe eines induktiven Wegaufnehmers konnten die so gemessenen Kräfte in Abhängigkeit vom Weg aufgezeichnet werden.

Zur Beurteilung der Rauheitsänderung in den Bereichen Flansch, Ziehkante, Zarge und Bodenrundung wurden als Ziehstufen ein Flanschzug mit 45 mm Ziehtiefe sowie ein durchgezogener Napf gewählt. Die Meßbereiche zur Ermittlung von Oberflächenkennwerten und Formänderungen wurden jeweils längs eines Meridians parallel zur Walzrichtung gelegt. Bild 18 zeigt die Meßstellen in den beiden Ziehstufen und die Abhängigkeit von $|\varphi_{max}|$ und R_z vom Abstand der Meßbereiche vom Bodenmittelpunkt des Napfes.

Die beim Tiefziehen kreisrunder Näpfe veränderten Parameter sind in Tabelle 6 festgehalten. Als Blechwerkstoff wurde vorwiegend AlMg 2,5, als Schmierstoff vorwiegend Oest Platinol Al 2 (s. Tabelle 4) verwendet.
Der Niederhalterdruck wurde bei den meisten Versuchen entsprechend der Formel nach Siebel [71] eingestellt.

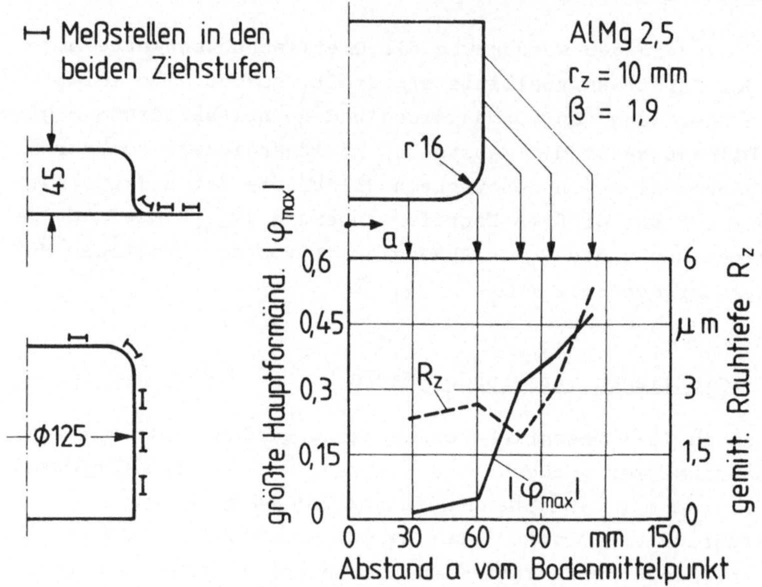

Bild 18: Ermittlung von Oberflächenkennwerten und Formänderungen an kreisrunden Näpfen.

2.8 Ziehen quadratischer Näpfe

Die Versuche wurden mit dem in [61] beschriebenen Ziehwerkzeug mit quadratischem Stempelquerschnitt durchgeführt (s. Bild 17), das auch zum Streifenziehen verwendet wurde (s. Abschn. 2.6). Es wurden quadratische Näpfe mit flachem Boden gezogen, die erreichbaren

Ziehtiefen lagen in Abhängigkeit vom Ziehkantenradius bei 58 mm für r_Z = 25 mm und bei 30 mm für r_Z = 10 mm (s. [9]). Die Näpfe wurden zum Teil mit, zum Teil ohne Ziehleisten gezogen.

Als wichtige Einflußgröße muß beim Ziehen nichtrunder Teile die Form des Platinenzuschnitts angesehen werden. Aus diesem Grund wurden in der vorliegenden Arbeit in Anlehnung an [9] mehrere Zuschnittsformen verwendet, die auch bei ungünstigen Parameterkombinationen eine angemessene Ziehtiefe erlaubten (Bild 19).

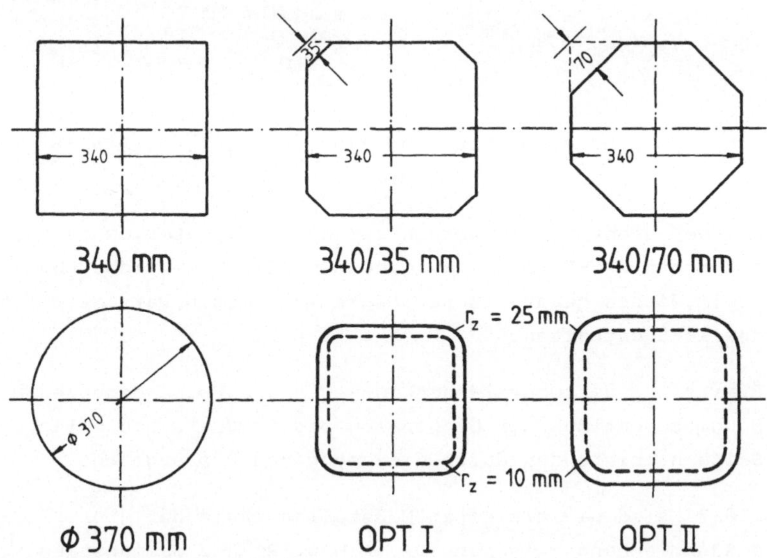

Bild 19: Zuschnittsformen beim Ziehen quadratischer Näpfe.

Den Bedingungen einer ausreichenden Ziehtiefe und des Ziehleisteneingriffs bis Vorgangsende genügten ein Quadrat mit 340 mm Seitenlänge, zwei Achtecke, die durch Abschneiden der Ecken des Quadrats in 35 mm bzw. 70 mm Höhe entstehen, ein Kreis mit 370 mm Durchmesser sowie die geometrisch nicht einfach zu beschreibenden, optimierten Zuschnittsformen OPT I und OPT II. Letztere wurden mit dem Rechenprogramm PLATIN [63], das sich der Gleitlinienmethode bedient, berechnet und über einen Plotter ausgegeben. Die Form OPT II geht dabei aus OPT I durch eine gleichmäßige Flanschzugabe von 20 mm hervor. Die Form OPT I ergab einen durchgezogenen Napf, während alle anderen Zuschnittsformen für Flanschzüge ausgelegt waren. Bild 20 zeigt beide Möglichkeiten.

Bild 20: Durchgezogener Napf und Flanschzug (Ziehtiefe 58 mm).

Während des Ziehvorgangs wurden für alle Parameterkombinationen die Kraft-Weg-Verläufe aufgenommen. Eine Übersicht über alle beim Ziehen quadratischer Näpfe variierten Parameter ist in Tabelle 6 enthalten.

Zur Ermittlung der Oberflächenkennwerte und Formänderungen wurden Schnitte entlang der Diagonalen des Quadrats und entlang der Seitenhalbierenden durch die gezogenen Näpfe gelegt.

In Bild 21 sind die einzelnen Meßstellen sowie der grundsätzliche Zusammenhang zwischen $|\varphi_{max}|$ bzw. R_z und dem Abstand vom Bodenmittelpunkt eines Napfes in den beiden Schnitten angegeben.

Beim Ziehen mit Ziehleisten führten ungünstige Vorgangsbedingungen teilweise zu Faltenbildung im Flansch, so daß dort Oberflächenmessungen nicht möglich waren. Auf diese Sonderfälle wird an entsprechender Stelle hingewiesen.

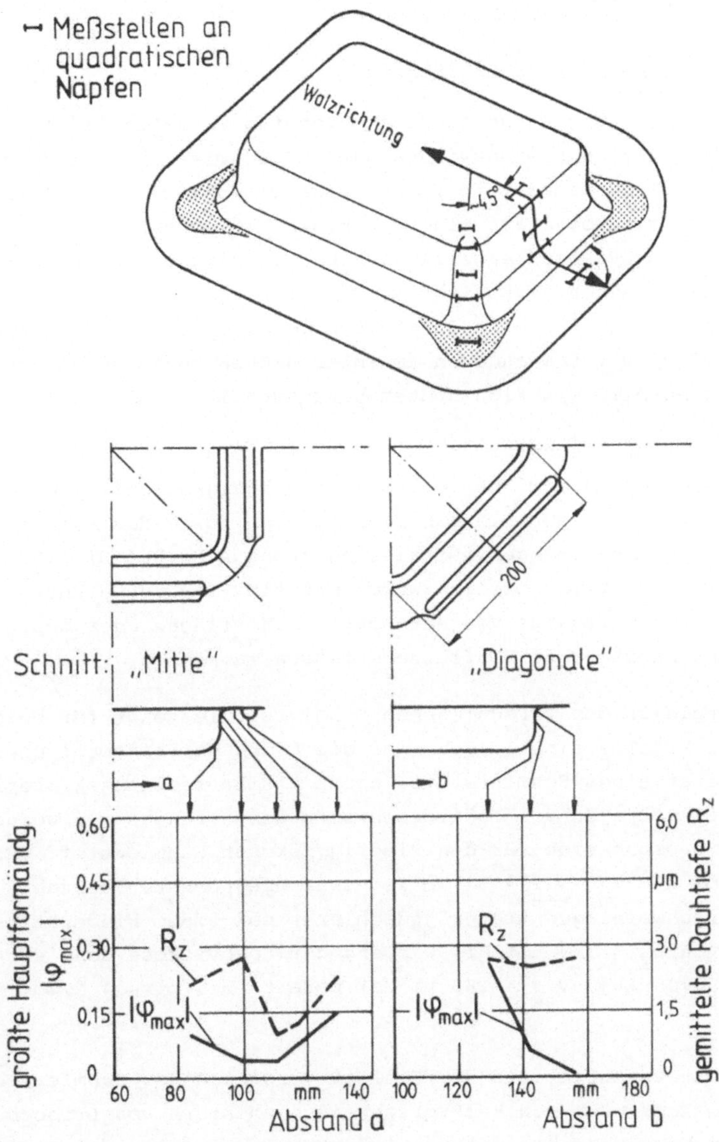

Bild 21: Ermittlung von Oberflächenkennwerten und Formänderungen an quadratischen Näpfen.

3 Einflüsse verschiedener Parameter auf das Auftreten von Kaltverschweißungen

3.1 Einfluß des Schmierstoffs

Die zur Verfügung stehenden Schmierstoffe (Tabelle 4) ließen sich von ihrer Zusammensetzung her in die vier Gruppen "nicht wasserlösliche Schmierstoffe auf Mineralölbasis", "wasserlösliche Schmierstoffe auf Mineralölbasis", "synthetische Schmierstoffe" und "Pasten" einteilen. Eine Einteilung entsprechend der kinematischen Viskosität ν der einzelnen Schmierstoffe war zum einen nicht für alle Schmierstoffe gleichermaßen möglich (z. B. Pasten), zum anderen im untersuchten Zusammenhang auch nicht sinnvoll, wie sich später herausstellte.

Bild 22 zeigt die unter den in Abschnitt 2.5 beschriebenen Versuchsbedingungen ermittelte lineare Abhängigkeit zwischen der Ziehkraft F_Z und dem Niederhalterdruck p_N sowie das Auftreten von Kaltverschweißungen für die Legierung AlMg 0,4 Si 1,2. Eine vergleichende Versuchsreihe wurde mit AlMg 5 durchgeführt (Bild 23), um etwaige von der Ausgangsoberfläche oder der Oxydhaut herrührende Einflüsse erfassen zu können.

Der Vergleich der verschiedenen Schmierstoffe zeigt für beide Blechwerkstoffe einheitlich, daß die Größe der kinematischen Viskosität eines Schmierstoffs nicht als Beurteilungskriterium für das Auftreten von Kaltverschweißungen herangezogen werden kann. So ergab sich für den niedrigviskosen Schmierstoff Oest Platinol Al 2 (ν_{20} = 61 mm²/s) zwar die höchste Reibzahl, Kaltverschweißungen traten jedoch erst bei einem Niederhalterdruck von p_N = 7 N/mm² auf, während der hochviskose Schmierstoff Dundi 9210 KA (ν_{50} = 280 mm²/s) bereits bei p_N = 4 N/mm² versagte.

Dies läßt vermuten, daß der Einfluß verschiedener Schmierstoffe auf das Auftreten von Kaltverschweißungen stark von tribochemischen Vorgängen beeinflußt wird, wobei vor allem die Additive der Schmierstoffe eine wichtige Rolle spielen. Eine genauere Untersuchung dieser Vorgänge über eine Analyse der einzelnen Schmierstoffe war aus Zeitgründen nicht möglich.

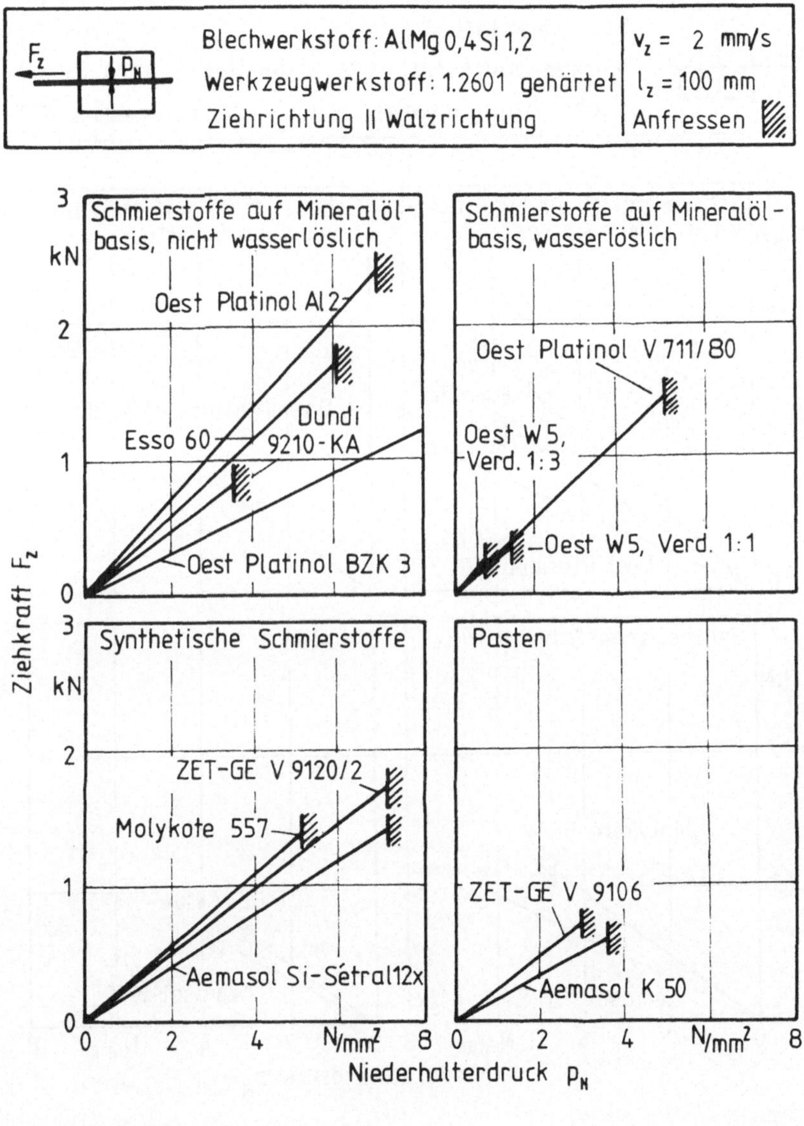

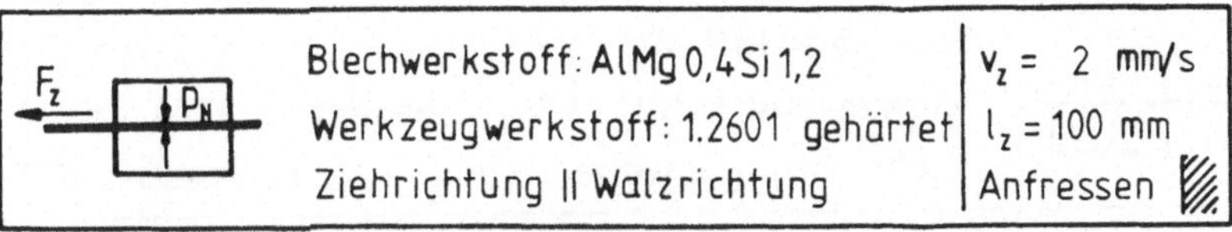

Bild 22: Einfluß des Schmierstoffs auf das Auftreten von Kaltverschweißungen für die Legierung AlMg 0,4 Si 1,2.

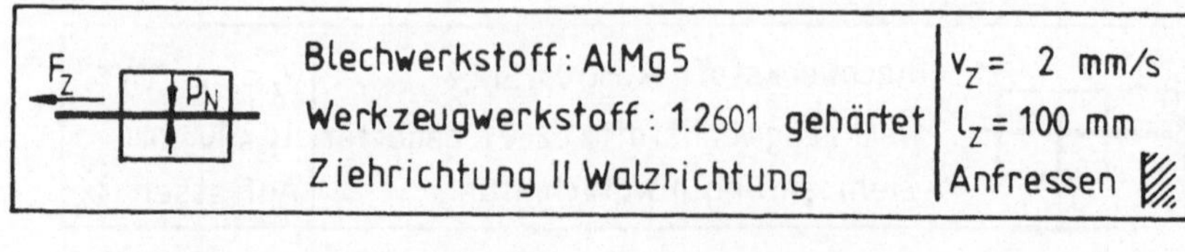

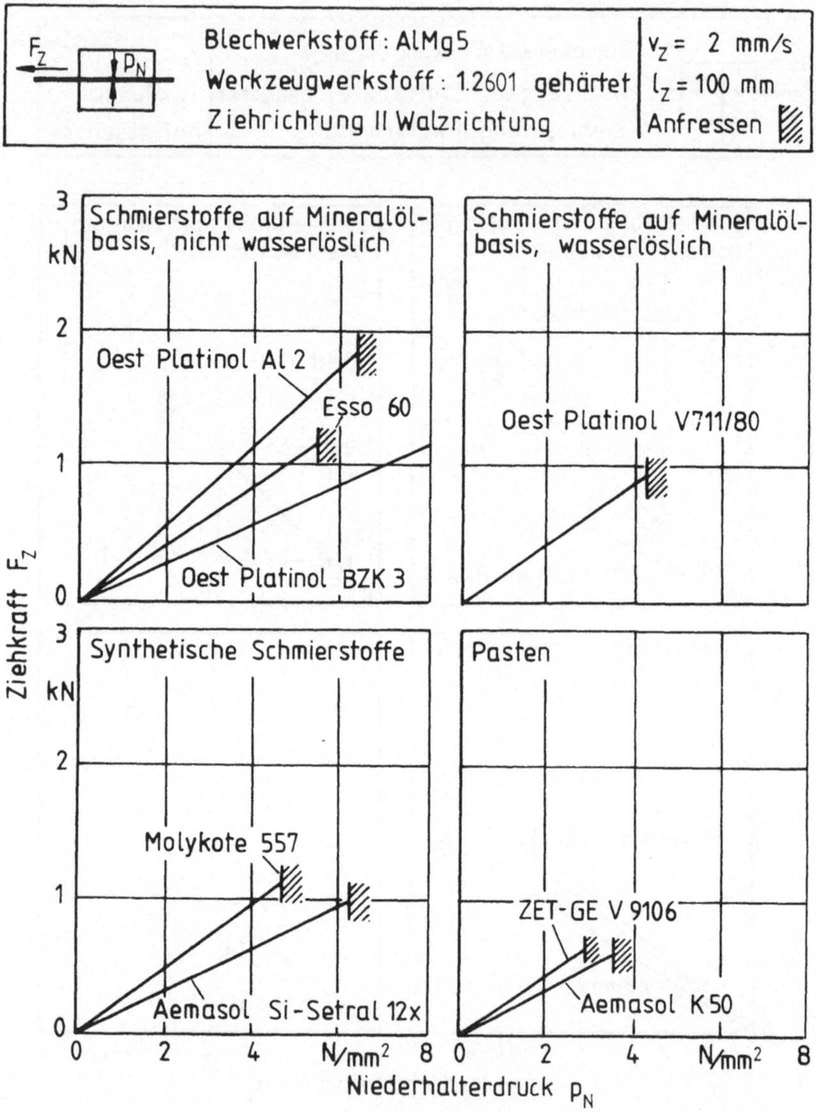

Bild 23: Einfluß des Schmierstoffs auf das Auftreten von Kaltverschweißungen für die Legierung AlMg 5.

Ein direkter Zusammenhang besteht lediglich zwischen der kinematischen Viskosität ν und der Reibzahl μ bzw. der Ziehkraft F_Z - beide nehmen mit zunehmender Viskosität eindeutig ab.

Der Vergleich der beiden Aluminiumlegierungen AlMg 0,4 Si 1,2 (Bild 22 a) und AlMg 5 (Bild 22 b) zeigt zunächst, daß sich bei gleichem Schmierstoff für AlMg 5 die niedrigeren Reibzahlen und damit die kleineren Ziehkräfte ergeben, was auf einen Einfluß der Ausgangsoberfläche schließen läßt. Die Unterschiede in den Reibzahlen lagen dabei je nach Schmierstoff zwischen 15 % und 40 %. Der höhere Wert stimmt mit Ergebnissen aus [42] überein, wo beim Streifenziehen mit den Legierungen AA 6009/6011 (entspricht in etwa AlMg 0,4 Si 1,2) und AA 5182 (entspricht in etwa AlMg 5) bei gleichen Schmierstoffen bis zu 40 % niedrigere Reibzahlen für die AlMg-Legierung festgestellt wurden.

Auch die Tatsache, daß AlMg 5 bei fast allen Schmierstoffen gegenüber AlMg 0,4 Si 1,2 bei kleineren Niederhalterdrücken versagte, ist auf die Beschaffenheit der Ausgangsoberfläche zurückzuführen. So weist ein räumlicher Leeregrad von λ_r = 0,60 gegenüber 0,65 für AlMg 0,4 Si 1,2 auf ein geringeres Schmierstoff-Aufnahmevermögen hin, ein für das Auftreten von Kaltverschweißungen wichtiges Kriterium. Auch der im Vergleich zu den anderen Versuchswerkstoffen mit zunehmender relativer Schnittlinientiefe c/R_z stärker ansteigende Traganteil der AlMg 5-Oberfläche (Bild 11) könnte sich in diesem Zusammenhang ungünstig auswirken (s. [49]).

3.2 Einfluß der Ziehgeschwindigkeit

Bei der Betrachtung von Reibungsvorgängen spielt die Relativgeschwindigkeit der Reibpartner eine wichtige Rolle. Mit zunehmender Ziehgeschwindigkeit werden nach [33] die hydrodynamischen Reibungsanteile in der Wirkfuge Werkstück/Werkzeug erhöht und Grenzreibungskontakte verringert, wobei über die Höhe der Geschwindigkeit keine Angaben gemacht werden. Für die beiden Gedigkeitsstufen v_{Z1} = 2 mm/s und v_{Z2} = 12,5 mm/s, die mit der verwendeten Universalprüfmaschine möglich waren, kann diese Feststellung anhand der Versuchsergebnisse bestätigt werden (Bild 24). Die höhere Ziehgeschwindigkeit bewirkte bei den untersuchten Schmierstoffen einheitlich eine zum Teil deutliche Verschiebumg des Versagensfalls "Kaltverschweißen" in Richtung höherer Niederhalterdrücke. Darüber hinaus wurde beim Schmierstoff Oest Platinol V 711/80 die Reibzahl μ um 25 %, beim Schmierstoff Dundi 9210 KA sogar um 60 % verringert. Lediglich bei der Paste Aemasol K 50 ergab sich kein wesentlicher Einfluß der Ziehgeschwindigkeit auf die Reibzahl.

Es muß dabei offen bleiben, ob der Grund für die verringerte Reibung in der Wirkung von Additiven bei höheren Ziehgeschwindigkeiten und damit höheren Temperaturen oder in einer Verschiebung des Verhältnisses von Grenz- zu hydrostatischer Reibung zu suchen ist.

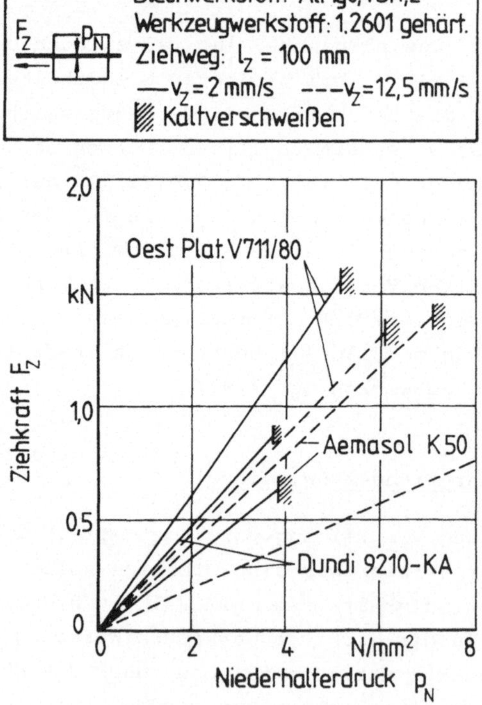

Bild 24: Einfluß der Ziehgeschwindigkeit auf das Auftreten von Kaltverschweißungen.

Dank der freundlichen Unterstützung einer Industriefirma war es möglich, auch den im Preßwerk üblichen Geschwindigkeitsbereich durch Stichversuche mit einzubeziehen. Auf einer hydraulischen Ziehanlage wurden Streifenziehversuche ohne Umlenkung mit einer Ziehgeschwindigkeit von v_Z = 75 mm/s durchgeführt [69]. Dabei wurden die Bedingungen hinsichtlich Blechwerkstoff, Schmierstoff und Werkzeugwerkstoff so gewählt, daß ein Vergleich mit den bei Ziehgeschwindigkeiten von v_{Z1} = 2 mm/s und v_{Z2} = 12,5 mm/s ermittelten Werten möglich war.

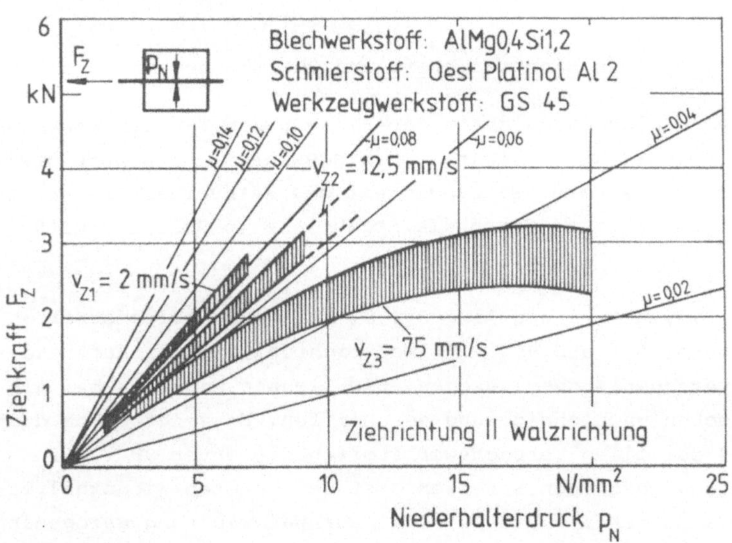

Bild 25: Veränderungen bei einer Erhöhung der Ziehgeschwindigkeit auf 75 mm/s [69].

Das Ergebnis zeigt Bild 25. Hierzu sollte erwähnt werden, daß bei v_{Z2} = 12,5 mm/s im vom Werkzeug vorgegebenen Niederhalterdruckbereich keine Kaltverschweißungen auftraten, was im Bild durch die gestrichtelte Verlängerung des Streubands angedeutet werden soll. Bei den anderen Geschwindigkeiten wurde der Versagensfall erreicht. Ferner sind hier aus Gründen der Vergleichbarkeit mit der Ziehgeschwindigkeit v_{Z3} = 75 mm/s Streubänder aus den Einzelmeßpunkten anstelle von Regressionsgeraden (s. Abschn. 2.5) eingezeichnet.

Wie man sieht, bewirkt die wesentlich höhere Ziehgeschwindigkeit (v_{Z3} = 75 mm/s) eine weitere Verschiebung des Versagensfalls zu einem Niederhalterdruck von p_N = 20 N/mm². Ferner ergibt sich eine weitere Verringerung der Reibzahl, wobei auffällt, daß bis $p_N \approx$ 10 N/mm² die Reibzahlen konstant bleiben, während für $p_N >$ 10 N/mm² eine leichte Abnahme der Reibzahl mit zunehmendem Niederhalterdruck festzustellen ist. Ein ähnlicher Sachverhalt wurde bereits in einer früheren Untersuchung gefunden [41].

3.3 Einfluß von Blechwerkstoff und Oberflächenorientierung

Auf die Richtungsabhängigkeit der Rauheit der Versuchswerkstoffe wurde bereits im Abschnitt 2.3 hingewiesen. Es konnte deshalb auch eine Richtungsabhängigkeit des Reibverhaltens erwartet werden. Dies wird durch die Ergebnisse in Bild 26 bestätigt.

Für AlMg 2,5, AlMg 5 und AlMg 0,4 Si 1,2 wurden Blechstreifen jeweils unter 0 ° und 90 ° zur Walzrichtung bis zum Auftreten von Kaltverschweißungen gezogen. Die Ziehbacken waren bei allen Versuchen in Ziehrichtung geschliffen. Es zeigte sich deutlich, daß bei allen Versuchswerkstoffen die unter 90 ° zur Walzrichtung gezogenen Streifen erst bei höheren Niederhalterdrücken versagten als die parallel zur Walzrichtung gezogenen Streifen.

Dies läßt darauf schließen, daß die Kombination des in Ziehrichtung geschliffenen Werkzeugs mit quer dazu orientierter Blechoberfläche einen besseren Schmierstofftransport in das Werkzeug hinein ermöglicht, wodurch ein Versagen des Schmierstoffs erst bei höheren Niederhalterdrücken eintritt.

Ein deutlicher Einfluß auf die Reibzahl, wie er in Abhängigkeit von der Ziehgeschwindigkeit besteht, läßt sich hier nur für AlMg 0,4 Si 1,2 feststellen. Bei diesem Werkstoff ergab sich für die Ziehrichtung senkrecht zur Walzrichtung eine Verringerung der Reibzahl um 30 % gegenüber der Ziehrichtung parallel zur Walzrichtung. Dies könnte darauf zurückzuführen sein, daß

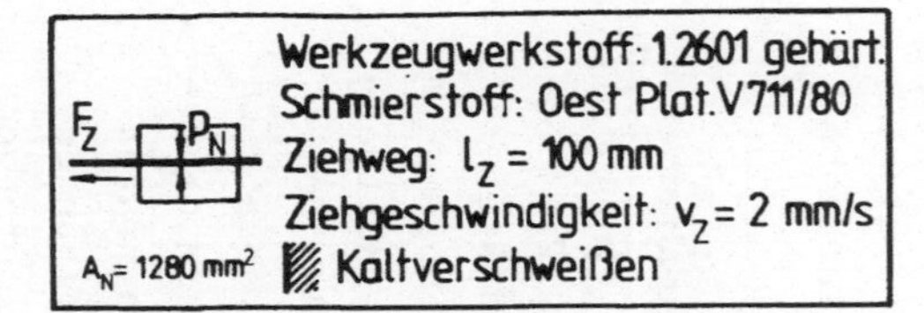

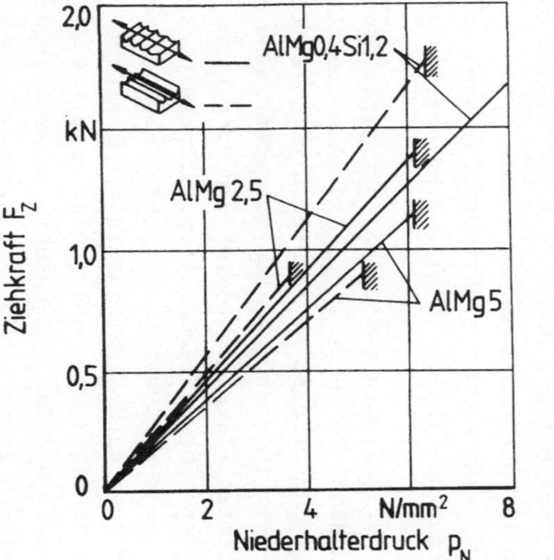

Bild 26: Einfluß von Blechwerkstoff und Oberflächenorientierung auf das Auftreten von Kaltverschweißungen.

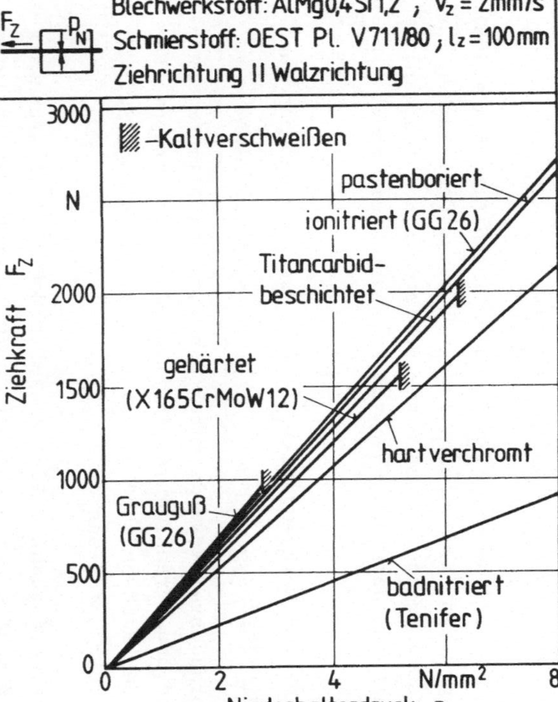

Bild 27: Einfluß von Werkstoff und Oberflächenbehandlung des Werkzeugs auf das Auftreten von Kaltverschweißungen.

sich bei der AlMgSi-Legierung die Rauheitskennwerte unter 0 ° und 90 ° zur Walzrichtung sehr stark unterscheiden (0 °/90 ° ≈ 4,7).

Diese Unterschiede sind bei AlMg 2,5 (≈ 3) und AlMg 5 (≈ 1,8) nicht so ausgeprägt. Auch dieses Ergebnis zeigt den starken Einfluß der Ausgangsoberfläche eines Werkstoffs auf Reibzahl bzw. Ziehkraft und das Auftreten von Kaltverschweißungen.

3.4 Einfluß von Werkzeugwerkstoff und Oberflächenbehandlung des Werkzeugs

Für diese Versuchsreihe wurde unter den vielen möglichen Oberflächenbehandlungsverfahren (s. [64]) fünf aus der Gruppe "Beeinflussung der Randschicht" und eines aus der Gruppe "Aufbringen von Überzügen" ausgewählt.

Mit dem Kaltarbeitsstahl 1.2601 (X 165 CrMoW 12) als Grundwerkstoff waren dies die Verfahren Randschichthärten, Badnitrieren (Tenifer), TiC-Beschichten (CVD), Hartverchromen und Pastenborieren (s. [64 bis 67]). Als weiterer Ziehbackenwerkstoff wurde ein Sondergrauguß entsprechend GG 26 mit 0,35 % bis 0,5 % Cr und 0,7 % Mo in unbehandeltem und ionitriertem Zustand eingesetzt. Die wichtigsten Daten der verschiedenen Oberflächenbehandlungsverfahren sind in Tabelle 5 zusammengefaßt.

Nimmt man in Bild 27 die auf ca. 62 HRC gehärteten Ziehbacken als Ausgangsbasis, so zeigt sich, daß alle Oberflächenbehandlungsverfahren in Verbindung mit dem Grundwerkstoff 1.2601 eine deutliche Verringerung der Kaltschweißneigung bewirkten. Mit den borierten, hartverchromten und nitrierten Ziehbacken traten im untersuchten Niederhalterdruckbereich keine Kaltverschweißungen mehr auf, wobei die Nitrierbehandlung nach dem Tenifer-Verfahren darüber hinaus zu einer starken Herabsetzung der Reibzahl führte (μ = 0,054 gegenüber μ = 0,114 beim gehärteten Werkzeug). Bei den TiC-beschichteten Ziehbacken traten bei Niederhalterdrücken von p_N > 6 N/mm2 Kaltverschweißungen auf, obwohl es die härteste aller untersuchten Beschichtungen war. Die Ziehbacken aus CrMo-Guß versagten im unbehandelten

Zustand bereits bei Niederhalterdrücken von $p_N > 3$ N/mm², während nach der Ionitrierbehandlung keine Kaltverschweißungen mehr auftraten.

Die Ergebnisse zeigen, daß die Härte der Oberflächenschicht allein in keinem Zusammenhang mit dem Auftreten von Kaltverschweißungen steht. Vielmehr dürften Rauhigkeit und Profilform der Werkzeugoberflächen die entscheidende Rolle spielen - eine gewisse Mindesthärte natürlich vorausgesetzt, die z. B. bei den unbehandelten Guß-Ziehbacken nicht gegeben war. So ergibt sich eine gute Übereinstimmung zwischen dem Auftreten von Kaltverschweißungen und der Größe des Profilleeregrads λ_p der verschiedenen Werkzeugoberflächen (s. Tabelle 5). Dabei muß beachtet werden, daß die gehärteten Ziehbacken aus dem Werkstoff 1.2601 und die Guß-Ziehbacken vor jedem Ziehvorgang mit Schleifpapier der Körnung 400 poliert wurden, während die übrigen ihre bei der Oberflächenbehandlung entstandene Oberflächenbeschaffenheit behielten. Es ist auffallend, daß bei den Werkzeugoberflächen mit einem Profilleeregrad $\lambda_p > 0{,}46$ keine Kaltverschweißungen auftraten, während die anderen mit Profilleeregraden $< 0{,}37$ ausnahmslos vor Erreichen des höchsten Niederhalterdrucks versagten.

Dies läßt darauf schließen, daß der Oberflächenbeschaffenheit der Ziehwerkzeuge eine ähnliche Bedeutung zukommt wie der Ausgangsoberfläche des Blechwerkstoffs.

4 Veränderung der Oberflächenbeschaffenheit bei freier Umformung

Der Einfluß der freien Umformung auf die Oberflächenbeschaffenheit der Aluminiumlegierungen wurde anhand von Zug- und Biegeversuchen untersucht (s. Abschn. 2.4). Die Ausgangsoberflächen können dabei als relativ glatt angesehen werden ($0{,}55\ \mu m < R_z < 2{,}45\ \mu m$) (s. [10]).

Zugversuche

Bild 28 zeigt das Ergebnis von Zugversuchen für AlMg 2,5, AlMg 5 und AlMg 0,4 Si 1,2 und zwar jeweils für Zugrichtung parallel und senkrecht zur Walzrichtung. Für die gemittelte Rauhtiefe R_z und die gemittelte Glättungstiefe R_{pm} sind die Regressionsgeraden aus den einzelnen Meßpunkten in Abhängigkeit vom größten örtlichen Umformgrad $|\varphi_{max}|$ eingezeichnet.

Die Regressionskoeffizienten von $R > 95\ \%$ zeigen, daß die in [10] festgestellte lineare Abhängigkeit von Formänderung und Rauheitsänderung beim freien Umformen auch für die drei Aluminiumlegierungen gegeben ist. Die unterschiedlichen Steigungen der Regressionsgeraden lassen den starken Einfluß der Korngröße erkennen, denn mit zunehmender Korngröße (AlMg 5 - 12,1 µm, AlMg 2,5 - 17,2 µm, AlMg 0,4 Si 1,2 - 21,7 µm) ergibt sich auch eine zunehmende Aufrauhung der Oberflächen.

Weiterhin läßt sich aus Bild 28 ableiten, daß sich für alle Werkstoffe R_{pm} in Abhängigkeit vom Umformgrad in gleichem Maße ändert wie R_z. Das bedeutet, daß bei der freien Umformung der Profilleeregrad $\lambda_p = R_{pm}/R_z$ konstant und damit der Ckarakter der Oberflächen erhalten bleibt.

Vergleicht man die beiden Dehnrichtungen - parallel und senkrecht zur Walzrichtung - miteinander, so fällt auf, daß beim Dehnen senkrecht zur Walzrichtung die Rauheit der Oberfläche für die untersuchten Aluminiumlegierungen einheitlich stärker zunimmt als beim Dehnen parallel zur Walzrichtung. Auch wenn die Unterschiede relativ gering sind, so kann vermutet werden, daß hier ein Einfluß der Anfangsrauheit vorliegt. Dies würde die Ergebnisse ähnlicher Versuche mit Stahlblech [21] bestäti-

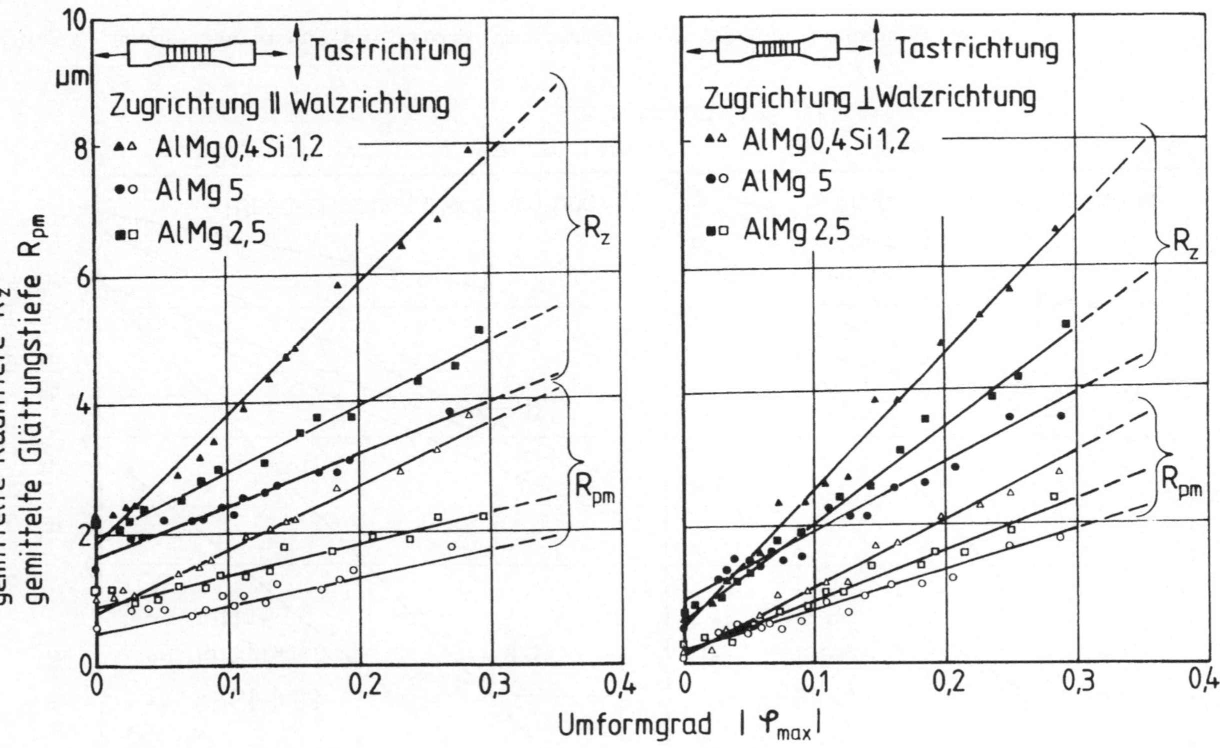

Bild 28: Rauheitsänderung bei freier Umformung durch Dehnen.

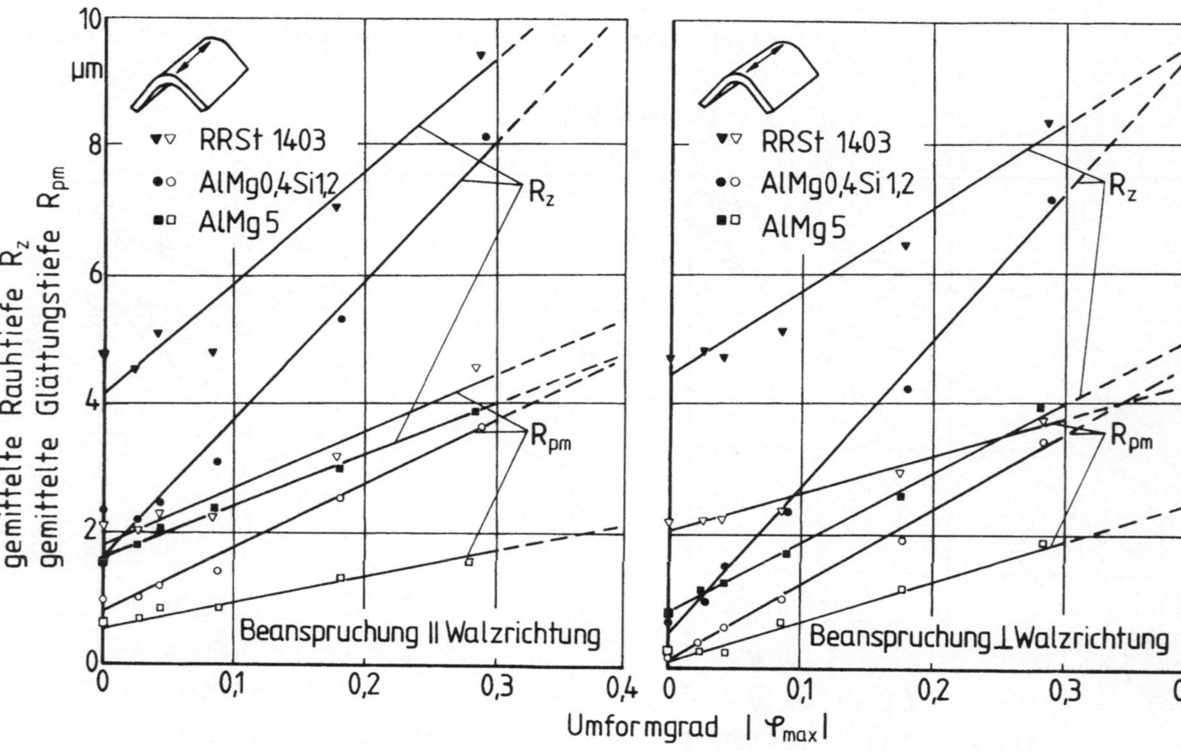

Bild 29: Rauheitsänderung bei freier Umformung durch Biegen (gedehnte Faser).

gen, bei denen beim Dehnen polierter Zugproben ($R_{to} \approx 0$) eine größere Rauheitszunahme als bei Proben mit einer Anfangsrauheit von $R_{to} \approx 10$ µm festgestellt wurde.

Biegeversuche

Die gleichen Abhängigkeiten ergaben sich erwartungsgemäß auch beim Biegen, das sich ja auf ein Dehnen der Außenfaser und ein Stauchen der Innenfaser zurückführen läßt. Bild 29 zeigt den Vergleich zwischen den beiden Aluminiumlegierungen AlMg 0,4 Si 1,2 und AlMg 5 und dem Stahlblech RRSt 1403 für die gedehnte Faser.

Ein Vergleich der gedehnten Randlage beim Biegen mit dem einachsigen Dehnen (Bild 28) ergibt für die beiden Aluminiumlegierungen AlMg 0,4 Si 1,2 und AlMg 5 praktisch identische Steigungen der Regressionsgeraden und zwar sowohl für Beanspruchung parallel als auch senkrecht zur Walzrichtung. Beim Stahlblech - mit einer zwei- bis dreimal größeren Anfangsrauheit als die Aluminiumbleche - zeigt sich bei Beanspruchung parallel zur Walzrichtung die entsprechend der Korngröße zu erwartende Rauheitszunahme in Abhängigkeit vom Umformgrad. Bei Beanspruchung senkrecht zur Walzrichtung bleibt die Rauheitszunahme von RRSt 1403 nahezu unverändert, während sie bei den drei Aluminiumlegierungen wie bereits erwähnt größer wird.

Von praktischer Bedeutung könnte die Tatsache sein, daß beim Vergleich der Karosseriewerkstoffe AlMg 0,4 Si 1,2 und RRSt 1403 die Aluminiumlegierung ab einem Umformgrad $|\varphi_{max}| > 0,4$ die größere Rauheit aufweist und deshalb auch bereits bei kleineren Umformgraden an die Grenze der größtmöglichen Rauheit stößt, die durch eine nachfolgende Lackierung gerade noch überdeckt werden kann (s. Abschn. 1.3).

Unabhängig von werkstoffspezifischem Verhalten beinhaltet jede Aufrauhung eine Vergrößerung der wahren Oberfläche. Dies kann z. B. während eines Umformvorgangs dazu führen, daß die von der Ausgangsoberfläche ins Werkzeug transportierte Schmierstoffmenge nicht mehr ausreicht, um verstärkte Grenzreibungskontakte zwischen Werkstück und Werkzeug zu vermeiden.

5 Auswirkungen ausgewählter Vorgangsparameter auf die Oberflächenbeschaffenheit gezogener Streifen und Näpfe

In einer früheren Untersuchung [9] wurden die Einflüsse der wesentlichen, den Ziehvorgang bestimmenden Parameter, anhand des Kraftbedarfs und der Formänderungsverteilung bewertet. Ziel der Optimierung war im Hinblick auf die Verfahrensgrenzen ein möglichst geringer Kraftbedarf und ein möglichst großer Abstand zwischen der Grenzformänderungskurve und den Formänderungen am Ziehteil.

Die vorliegende Arbeit beschäftigte sich dagegen vor allem mit den Einflüssen dieser Parameter auf Oberflächenveränderungen während des Ziehvorgangs und damit auch auf die Fertigteiloberfläche. Eine diesbezügliche Beurteilung der einzelnen Parameter setzt zunächst die Kenntnis der makro- und mikrogeometrischen Vorgänge während der Umformung voraus. Dies wird beim Tiefziehen dadurch erschwert, daß gewisse Oberflächenbereiche frei, andere teils frei, teils gebunden umgeformt werden. Deshalb spielt die in Kap. 4 beschriebene Abhängigkeit zwischen Rauheitsänderung und Formänderung bei freier Umformung eine entscheidende Rolle.

Bild 30 zeigt verschiedene Stufen beim Tiefziehen kreisrunder Näpfe im Erstzug mit den grundsätzlichen makro- und mikrogeometrischen Vorgängen. Die Auswirkungen dieser Vorgänge in den einzelnen Oberflächenbereichen sind in Bild 31 durch REM-Aufnahmen verdeutlicht.

Zu Beginn des Tiefziehvorgangs wird, ausgehend von einer Ronde mit entsprechender Ausgangsoberfläche (Stufe 0), zunächst die Bodenrundung des Napfes ausgebildet (Stufe 1). Die Außenoberfläche wird dabei durch einen Biegevorgang aufgerauht, während die Innenoberfläche zuerst ebenfalls aufgerauht, dann aber infolge von Mikroprägevorgängen zwischen Stempelrundung und Blech wieder geglättet wird. Der Bodenbereich des Napfes erfährt keine meßbare Oberflächenveränderung. Gleichzeitig mit Ausbildung der Bodenrundung bewegt sich der Flansch des Ziehteils unter den radial angreifenden Zugspannungen in Richtung Ziehkante (Stufe 2). Dabei dickt der Flanschaußenrand durch tangentiale Druckspannungen auf, so daß der Niederhalterdruck in diesem Bereich erhöht und der freien Umformung eine gebundene Umformung überlagert wird. In Richtung Ziehkante nimmt die Blechdicke ab und es können sich Falten bilden. Ziehringseitig wird die Blechoberfläche aufgrund des sich in diesem Bereich bildenden Schmierstoffpolsters (s. [40]) durch freie Umformung aufgerauht, während niederhalterseitig teilweise Glättungsvorgänge stattfinden. An der Ziehkante muß ebenfalls zwischen Innen- und Außenseite des Napfes unterschieden werden. Innen

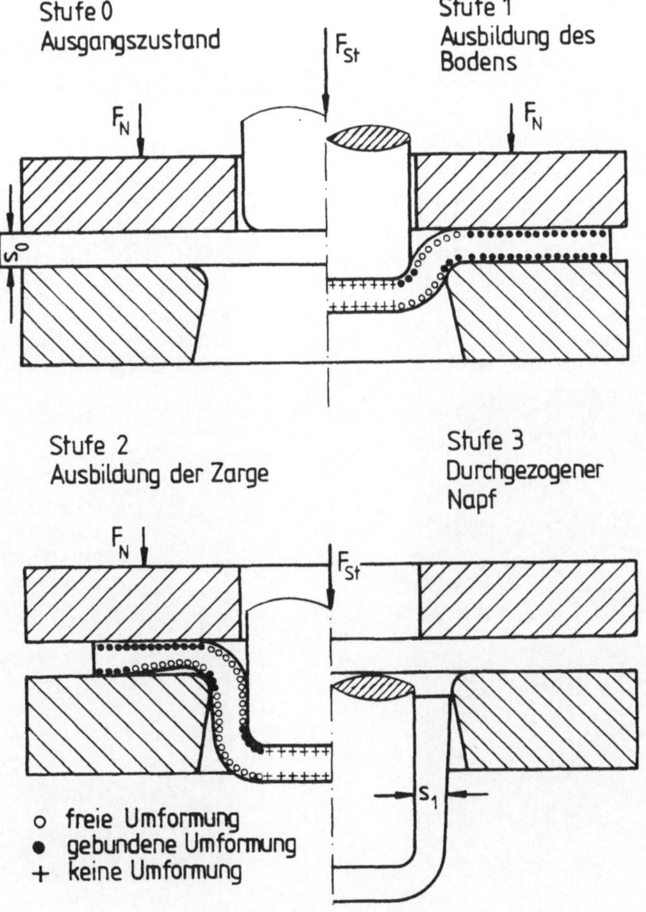

Bild 30: Makro- und mikrogeometrische Vorgänge beim Tiefziehen kreisrunder Näpfe im Erstzug.

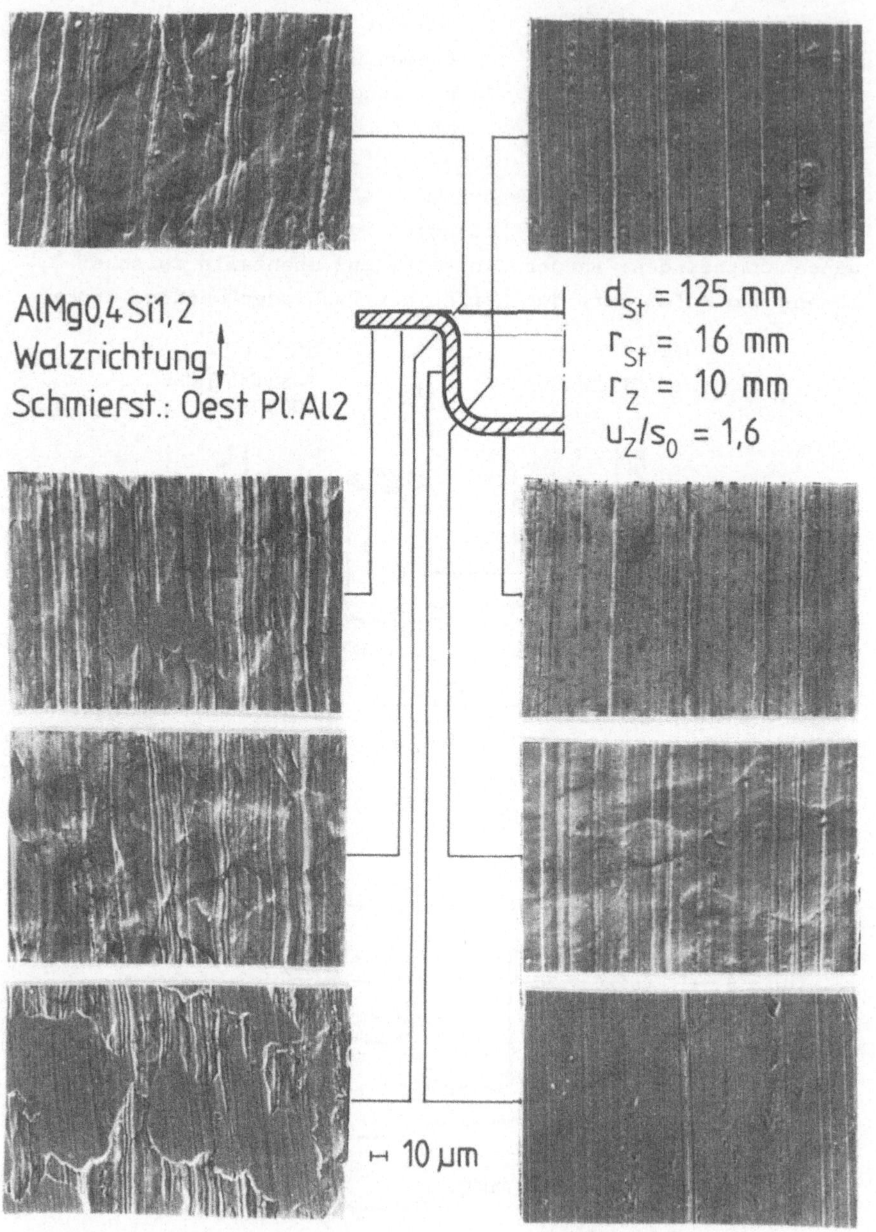

Bild 31: Oberflächenveränderungen beim Tiefziehen kreisrunder Näpfe im Erstzug (Oberflächenbeschaffenheit des Bodens entspricht Ausgangsoberfläche).

wird die Oberfläche durch Biegung und Rückbiegung bei gleichzeitig überlagerter Querstauchung frei umgeformt, d. h. aufgerauht. Auf der Außenseite wird der freien Umformung eine gebundene Umformung beim Überlaufen der Ziehkante überlagert, wodurch die Aufrauhung zum Teil wieder rückgängig gemacht wird. Die Zarge (Stufe 2 und 3) entsteht aus der Ronde durch Querstauchung im Flansch, dabei nimmt der Umformgrad mit zunehmender Zargenhöhe zu. Die Innenoberfläche wird durch freie Umformung (Querstauchung im Flansch, Dehnung an der Ziehkante) aufgerauht, wobei die Rauheit in Richtung auf den oberen Zargenrand hin zunimmt. Die Oberfläche auf der Zargenaußenseite wird weniger stark gerauht, weil beim Überlaufen der Ziehkante ein Teil der freien Rauhung wieder beseitigt wird. Voraussetzung dafür ist, daß der Ziehspalt größer als die momentane Blechdicke s ist. Ist der Ziehspalt kleiner als s, so führt der damit verbundene Abstreckvorgang auf der Innenseite zu einer Glättung durch Mikroprägevorgänge zwischen Stempel- und Zargenoberfläche ($v_{rel.} \approx 0$), auf der Außenseite zu einer Glättung durch Gleiten zwischen Ziehring- und Zargenoberfläche ($v_{rel.} \approx v_Z$) [47, 48].

Dies gilt für das Tiefziehen kreisrunder Näpfe. Beim Ziehen quadratischer Näpfe ergeben sich dem Tiefziehen kreisrunder Näpfe vergleichbare Verhältnisse in den Ziehteilecken, während die geraden Bereiche eher Beanspruchungen vergleichbar dem Streifenziehen ($\sigma_t \approx 0$) unterworfen sind.

Aufgrund des Zusammenhangs zwischen Rauheitsänderung und Formänderung bei freier Umformung war die Kenntnis der Größe der Formänderungen Voraussetzung für eine quantitative Interpretation der Ergebnisse, wenngleich dies aufgrund der großen Parameterzahl nur exemplarisch geschehen konnte. Für die Beurteilung der Rauheitsänderung beim Ziehvorgang (mehrachsiger Spannungszustand) wurde in Anlehnung an die Verhältnisse beim einachsigen Stauchen und Dehnen der betragsmäßig größte örtliche Umformgrad $|\varphi_{max}|$ als Bezugsgröße gewählt (s. [22]).

Wo es versuchstechnisch möglich war, wurden die Einflüsse bestimmter Parameter parallel in Modellversuchen (Streifenziehen) und in realen Ziehversuchen (Ziehen runder und quadratischer Näpfe) ermittelt, so z. B. der Einfluß von Ziehkantenradius, Ziehleistenhöhe und -anordnung, Schmierstoff, Niederhalterdruck. Die restlichen Parameter wurden ausschließlich beim Ziehen von runden und/oder quadratischen Näpfen untersucht. Dabei muß unterschieden werden zwischen Parametern, die in gewissen Grenzen frei wählbar sind und solchen, die durch Geometrie und Eigenschaften des Werkstücks festgelegt sind [9]. Zu den letzteren gehören Werkstoff, Ziehverhältnis und Bodenform, bei Teilen mit Flansch auch der Ziehkantenradius.

5.1 Werkstückseitige Parameter

5.1.1 Blechwerkstoff

Umformverhalten und Oberflächenbeschaffenheit beim Tiefziehen werden im wesentlichen von den Festigkeitseigenschaften, der Ausgangsoberfläche und der Korngröße der verwendeten Blechwerkstoffe beeinflußt. Auf diesbezügliche Unterschiede der Aluminiumlegierungen AlMg 0,4 Si 1,2, AlMg 2,5 und AlMg 5 wurde bereits im Abschnitt 2.3 hingewiesen.

In Übereinstimmung mit [9] ergab sich für die Versuchswerkstoffe die in Bild 32 für das Streifenziehen über Ziehleisten, das Tiefziehen kreisrunder Näpfe und das Ziehen quadratischer Näpfe dargestellte Reihenfolge für den Kraftbedarf.

AlMg 0,4 Si 1,2 erfordert einheitlich die höchste Ziehkraft, gefolgt von AlMg 5 (- 10 %) und AlMg 2,5 (- 20 %). In Widerspruch zur elementaren Theorie steht, daß AlMg 0,4 Si 1,2 eine höhere Kraft als AlMg 5 erfordert, obwohl Zugfestigkeit und Fließkurve den umgekehrten Fall erwarten lassen würden.
Als Ursache für diese Erscheinung war ein Einfluß der Reibungsverhältnisse vermutet worden. Um dies zu klären, wurden Streifenziehversuche ohne und mit Umlenkung durchgeführt.

Beim Streifenziehen ohne Umlenkung, einem Versuch also, bei dem keine makrogeometrische Umformung stattfindet und somit Zugfestigkeit und Fließkurve keinen Einfluß auf die Ziehkräfte haben,

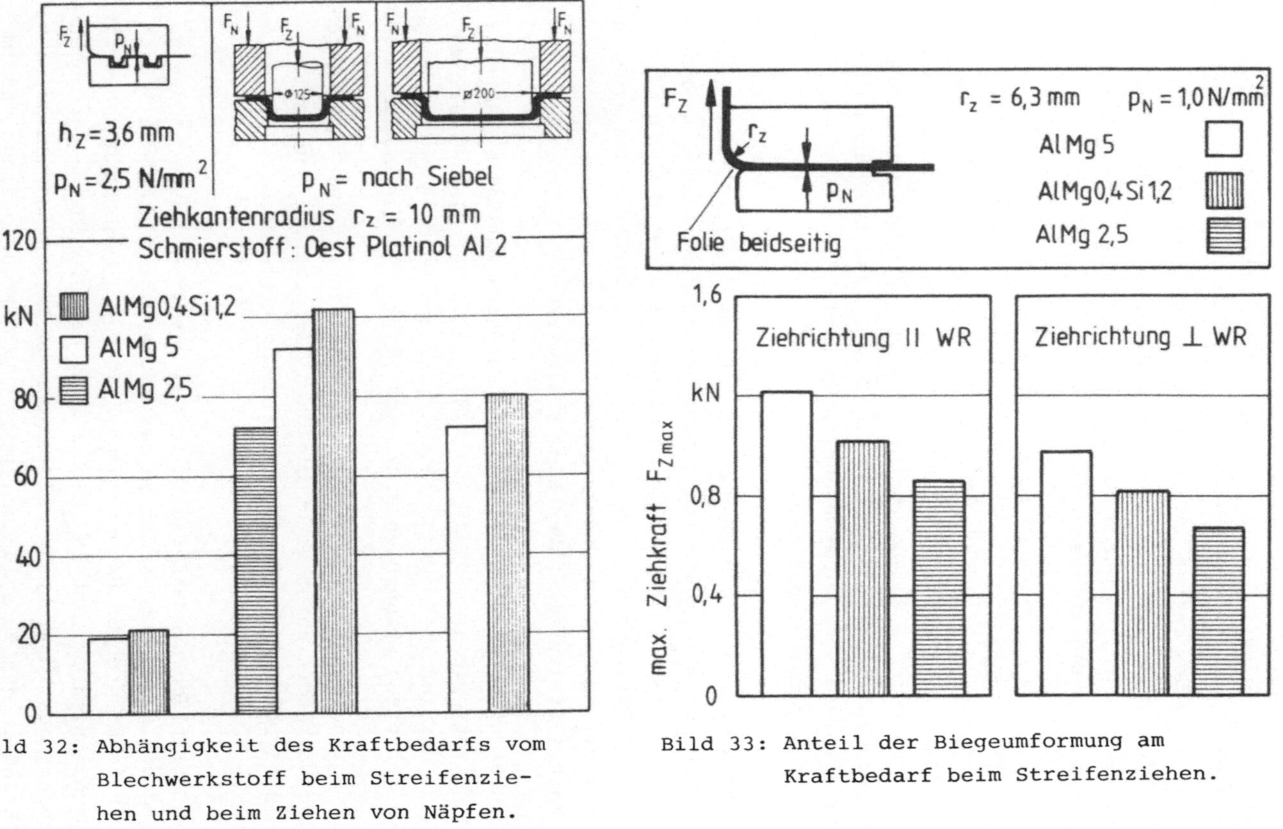

Bild 32: Abhängigkeit des Kraftbedarfs vom Blechwerkstoff beim Streifenziehen und beim Ziehen von Näpfen.

Bild 33: Anteil der Biegeumformung am Kraftbedarf beim Streifenziehen.

wurden für AlMg 2,5 um 20 %, für AlMg 5 sogar um 40 % niedrigere Ziehkräfte als für AlMg 0,4 Si 1,2 ermittelt (Bild 26). Zur Ermittlung des reinen Umformanteils am Kraftbedarf wurden Streifenziehversuche mit Umlenkung durchgeführt, bei denen ein Oberflächeneinfluß durch beidseitiges Bekleben der Streifen mit PVC-Folie ausgeschlossen wurde (Bild 33).

Wie das Bild zeigt, ergibt sich hier für die Ziehkraft die Reihenfolge, die entsprechend den Fließkurven der drei Legierungen zu erwarten ist. Damit konnte die Bestätigung dafür gefunden werden, daß die unterschiedlichen Ausgangsoberflächen der Aluminiumlegierungen und die daraus resultierenden Reibungsverhältnisse wohl einen wesentlichen Einfluß auf den Kraftbedarf beim Ziehvorgang ausüben. Dies ist besonders für die beiden Karosseriewerkstoffe AlMg 0,4 Si 1,2 und AlMg 5 von Bedeutung, da bekanntlich mit zunehmender Größe der Ziehteile bzw. mit zunehmendem d_o/s_o-Verhältnis auch der Reibungsanteil am Kraftbedarf zunimmt [38]. Gerade in diesem Fall ist deshalb mit größeren Unterschieden im Kraftbedarf zu rechnen, die sich in einem geringeren Formänderungsvermögen der Legierung AlMg 0,4 Si 1,2 gegenüber AlMg 5 auswirken.

Darüber hinaus besitzt AlMg 5 eine größere mittlere senkrechte Anisotropie ($\bar{r}$ = 0,78) als AlMg 0,4 Si 1,2 ($\bar{r}$ = 0,54), wodurch bei ihr im Zugdruckspannungszustand bereits bei niedrigeren relativen Spannungen σ_R/k_f bzw. σ_T/k_f Fließen eintritt [9].

Die Abhängigkeit der Oberflächenbeschaffenheit vom verwendeten Blechwerkstoff unter sonst gleichen Versuchsbedingungen ist in Bild 34 am Beispiel des Tiefziehens kreisrunder Näpfe dargestellt.

Die Oberflächenveränderungen in den Bereichen Zarge, Bodenrundung und Boden wurden der an der entsprechenden Meßstelle aufgetretenen größten Hauptformänderung $|\varphi_{max}|$ gegenübergestellt. Wie man sieht, nimmt $|\varphi_{max}|$ für alle Werkstoffe von der Bodenrundung aus in Richtung auf den oberen Zargenrand hin stark zu, während in der Bodenrundung (r_{St} = 16 mm) nur geringe und im Boden der Näpfe praktisch keine Formänderungen auftreten.

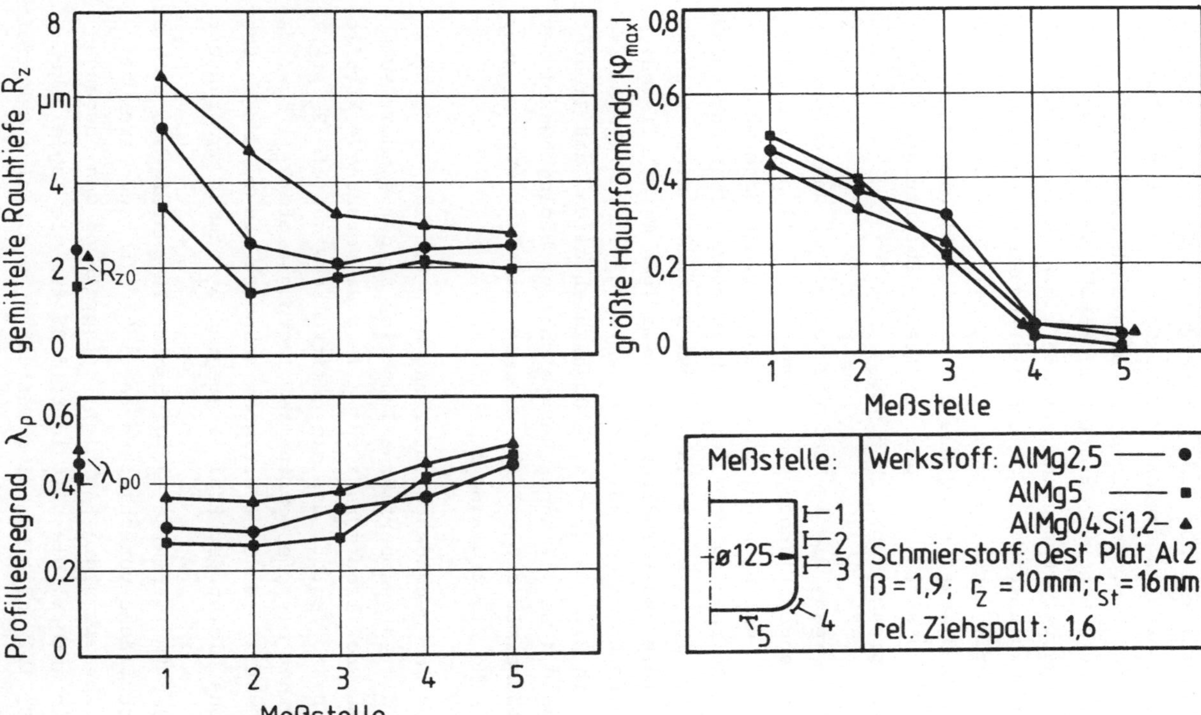

Bild 34: Einfluß des Blechwerkstoffs auf die Oberflächenbeschaffenheit kreisrunder Näpfe.

Parallel dazu wird die Rauheit der Napfoberflächen (R_z) mit zunehmender Zargenhöhe größer, die freie Umformung an der Bodenrundung bewirkt nur eine geringfügige Aufrauhung und die Rauheit des Bodens entspricht der Ausgangsrauheit der Ronden. Die Rauheit der Napfoberflächen weist jedoch eine deutliche Abhängigkeit vom Blechwerkstoff auf, obowhl sich die Werte der größten Hauptformänderung für die einzelnen Werkstoffe nur geringfügig unterscheiden und die Ausgangsrauheiten (R_{zo}) in einem relativ engen Bereich liegen. Der Grund dafür ist in der unterschiedlichen Korngröße der Aluminiumlegierungen (s. Bild 12) zu sehen, von der bei freier Umformung die Rauheitszunahme proportional abhängt.

Da beim Ziehvorgang die im Niederhalterbereich und an der Ziehkante auftretenden Flächenpressungen unter üblichen Vorgangsbedingungen zu gering sind, um die durch freie Umformung hervorgerufene Aufrauhung der Oberfläche wieder vollständig auszugleichen, ist für die Oberflächenbeschaffenheit eines Ziehteils in erster Linie das Verhalten des jeweiligen Werkstoffs bei freier Umformung maßgebend. Aus einem Vergleich der Versuchswerkstoffe in Bild 34 läßt sich deshalb ableiten, daß Ziehteile aus AlMg 0,4 Si 1,2 unter vergleichbaren Bedingungen immer die Oberfläche mit der größten Rauheit aufweisen werden, gefolgt von AlMg 2,5 und AlMg 5.

Der Einfluß der gebundenen Umformung beim Überlaufen der Ziehkante auf die Zargenoberfläche läßt sich an der einheitlichen Abnahme des Profilleeregrads für alle drei Versuchswerkstoffe erkennen. Das bedeutet, daß die gemittelte Rauhtiefe R_z stärker zugenommen hat als die gemittelte Glättungstiefe R_{pm}, bzw. daß sich die Profilform der Oberfläche geändert hat (s. Bild 8). Über der Napfhöhe bleibt der Profilleeregrad λ_p nahezu unverändert.

Aufgrund der "mill-finish"-Ausgangsoberflächen ergeben sich an der Napfoberfläche verschiedene Bereiche, in denen sich bei achsialer Abtastung die Rauhtiefe entsprechend den Ausgangsoberflächen ändert. Dies ist in Bild 35 für die Legierungen AlMg 0,4 Si 1,2 und AlMg 2,5 quantitativ (gemittelte Rauhtiefe R_z) und qualitativ (Profilschriebe) dargestellt. Allerdings ist der Unterschied etwas geringer als im Ausgangszustand. Der

Grund dafür könnte in der in Kap. 4 festgestellten stärkeren Rauheitszunahme bei freier Umformung senkrecht zur Walzrichtung liegen.

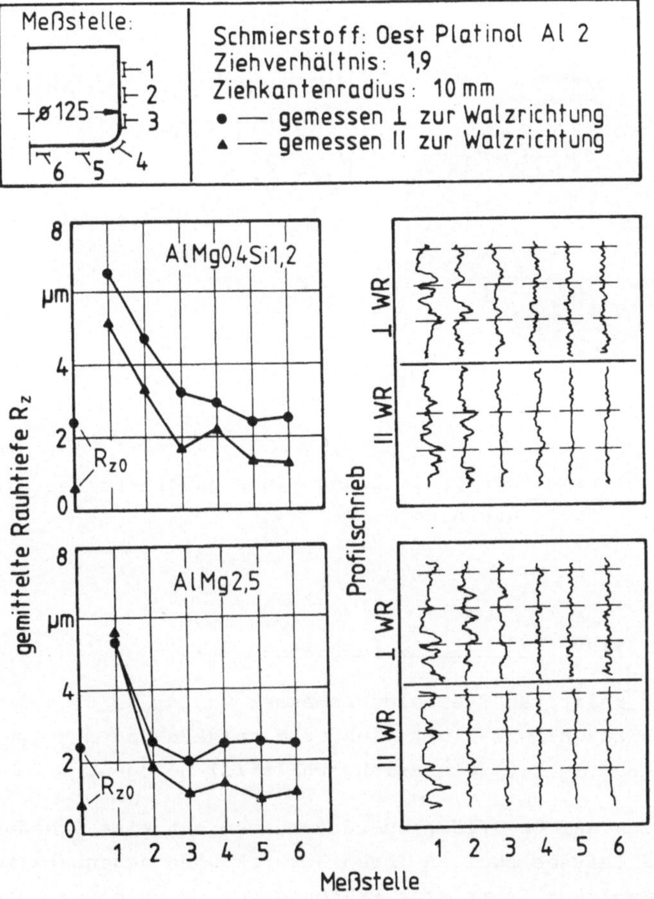

Bild 35: Einfluß der Walzrichtung auf die Oberflächenbeschaffenheit kreisrunder Näpfe.

Neben der Korngröße ist das Auftreten von Fließfiguren ein weiteres Unterscheidungsmerkmal der untersuchten Aluminiumlegierungen (s. auch Abschn. 1.1 und 2.3). Diese Erscheinung wurde für die Legierungen AlMg 2,5 und AlMg 5 beim Streifenziehen mit Umlenkung sowie in den Böden quadratischer Näpfe festgestellt (Bild 36). Allerdings wirkte sich die sichtbare Veränderung der Blechoberfläche nicht in einer meßbaren Änderung der Rauheit aus.

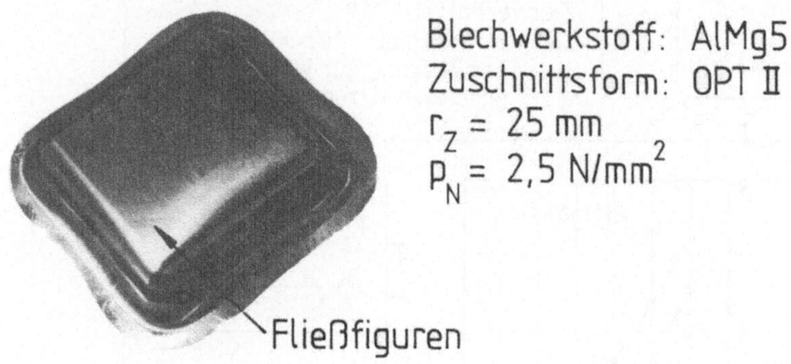

Bild 36: Fließfiguren im Boden eines quadratischen Napfs aus AlMg 5.

5.1.2 Ziehverhältnis und Ziehtiefe

Bei einem relativen Stempeldurchmesser von d_{St}/s_o = 125 wurden Näpfe aus AlMg 2,5 mit Ziehverhältnissen von β = 1,6, β = 1,8 und β = 2,0 (Grenzziehverhältnis) gezogen.

Im Hinblick auf Oberflächenveränderungen hat eine Erhöhung des Ziehverhältnisses zwei in ihren Auswirkungen gegensätzliche Folgen. Zunächst führt eine Erhöhung von β zu einer Vergrößerung der tangentialen Druckspannungen im Flansch. Dadurch wird in diesem Bereich eine größere tangentiale Stauchung und damit eine größere freie Rauhung hervorgerufen. Mit der Vergrößerung der tangentialen Druckspannungen ist aber auch eine Erhöhung der Zuglängsspannungen in der Zarge verbunden. Diese führen über eine höhere Ziehkraft zu größeren Drucknormalspannungen an der Ziehkante, was eine bessere Glättung der Zargenaußenfläche zur Folge hat.

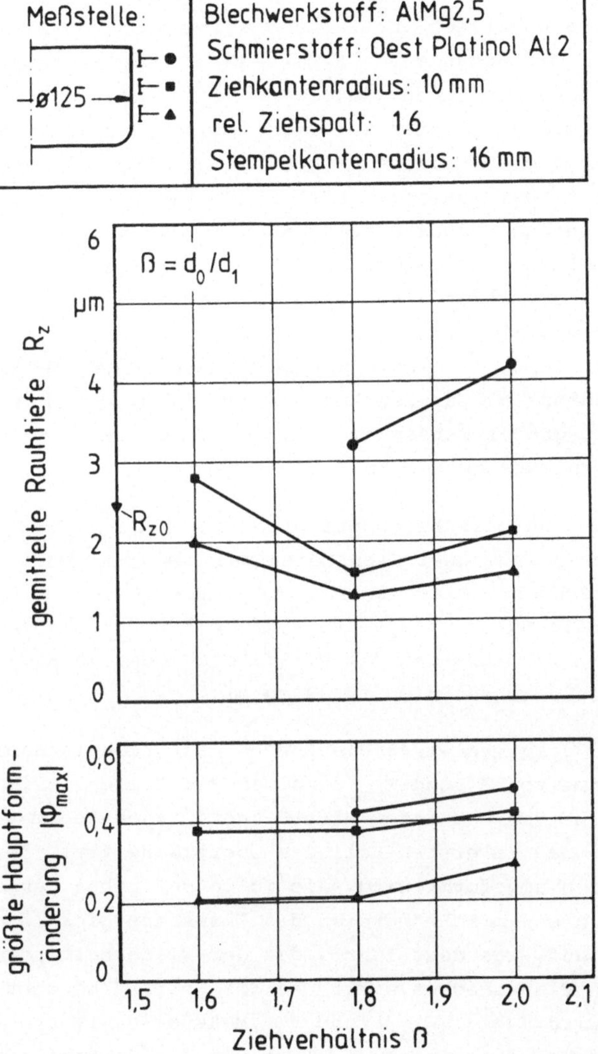

Bild 37: Einfluß des Ziehverhältnisses auf die Oberflächenschaffenheit kreisrunder Näpfe.

Diese Auswirkungen werden durch die Ergebnisse in Bild 37 bestätigt. R_z nimmt bei einer Erhöhung des Ziehverhältnisses von 1,6 auf 1,8 zunächst ab, um bei einer weiteren Erhöhung auf das Grenzziehverhältnis β_{max} = 2,0 wieder anzusteigen, wobei die Rauheit einheitlich in Richtung auf den oberen Zargenrand hin zunimmt. Die Abnahme von R_z bei β = 1,8 gegenüber β = 1,6 ist darauf zurückzuführen, daß zwar die für die Rauheitsänderung bei freier Umformung verantwortliche größte Hauptformänderung $|\varphi_{max}|$ - in diesem Fall φ_T - konstant bleibt, φ_R und damit die Ziehkraft aber zunehmen. Dies führt an der Ziehkante zu einer Erhöhung der Drucknormalspannungen, verbunden mit einer stärkeren Glättung der Blechoberfläche. Bei einer weiteren Erhöhung des Ziehverhältnisses wird φ_R an den Meßstellen in der Zargenmitte und am Übergang Boden-Zarge zur größten Hauptformänderung und führt zu einer Aufrauhung der Zargenoberfläche infolge Längsdehnung. Für den Anstieg von R_z am oberen Zargenrand sind die mit größer werdendem Ziehverhältnis zunehmenden tangentialen Druckspannungen im Flansch verantwortlich.

Beim Ziehen quadratischer Näpfe mit Flansch wurde der Einfluß zweier unterschiedlicher Ziehtiefen auf die Oberflächenbeschaffenheit untersucht. Dies war zum einen die Ziehtiefe bei beginnender Ausbildung der Zarge (t_Z = 45 mm für r_Z = 25 mm und r_{St} = 20 mm), zum anderen die gerade noch ohne Versagen erreichbare Ziehtiefe (t_Z = 58 mm für AlMg 5).

Wie Bild 38 zeigt, bewirkt die Zunahme der Ziehtiefe eine geringe Zunahme von R_z und R_{pm} an allen Meßstellen. Beim Vergleich der beiden Schnitte "Mitte" und "Diagonale" muß beachtet werden, daß im ersten Fall die Oberfläche frei, im zweiten Fall gebunden umgeformt wird. Als Folge der hohen tangentialen Druckspannungen im Eckenbereich des Flansches dickt das Blech dort stark auf, was dazu führt, daß der Niederhalterdruck nur noch in den Flanschecken wirkt und die Oberfläche dort stark geglättet wird (vgl. $|\varphi_{max}|$ und R_z, Meßstelle 1). Die Ziehkraft muß dabei fast ausschließlich von den Ziehteilecken übertragen werden, was trotz hoher radialer Formänderungen $\varphi_R = \varphi_{max}$ zu einer weiteren Glättung der Oberfläche beim Überlaufen der Ziehkante führt. In den geraden Flanschbereichen (Schnitt: "Mitte") dagegen läuft das Blech ungebremst über die Ziehkante, wobei die Oberfläche im wesentlichen durch Biegevorgänge an Zieh- und Stempelkante beeinflußt wird. Der im

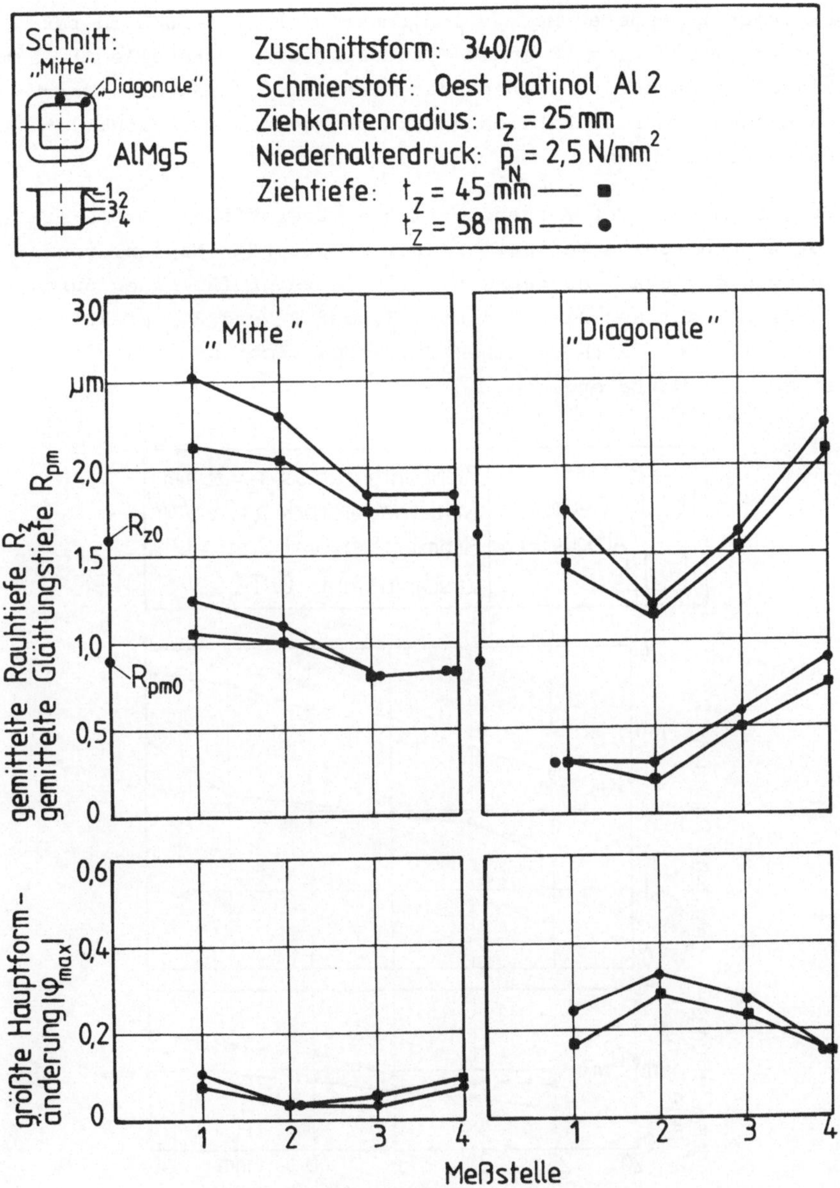

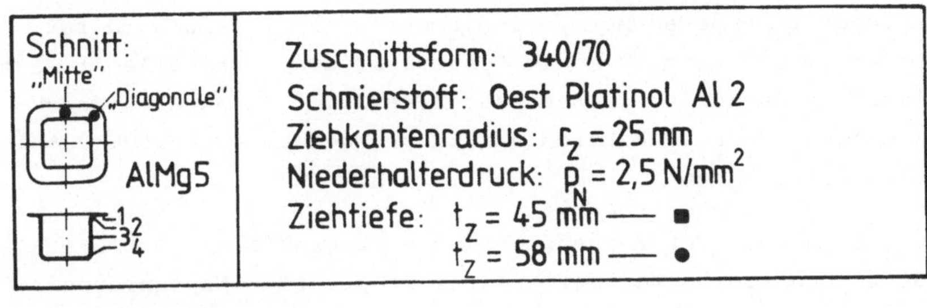

Bild 38: Einfluß der Ziehtiefe auf die Oberflächenbeschaffenheit quadratischer Näpfe.

Vergleich zu anderen Meßstellen recht große Unterschied für t_Z = 45 mm und t_Z = 58 mm im Flanschbereich (Meßstelle 1) läßt allerdings darauf schließen, daß sich die tangentialen Druckspannungen vom Eckenbereich aus in die geraden Flanschbereiche ausgebreitet haben.

Für die Rauheit der Zargenoberfläche quadratischer Näpfe ergibt sich derselbe Verlauf wie bei kreisrunden Näpfen, wenn auch weniger stark ausgeprägt. Bild 39 zeigt für einen durchgezogenen Napf aus AlMg 0,4 Si 1,2, daß R_z und R_{pm} praktisch linear mit der Napfhöhe zunehmen, wobei sich in den Napfecken die höheren Werte ergeben.

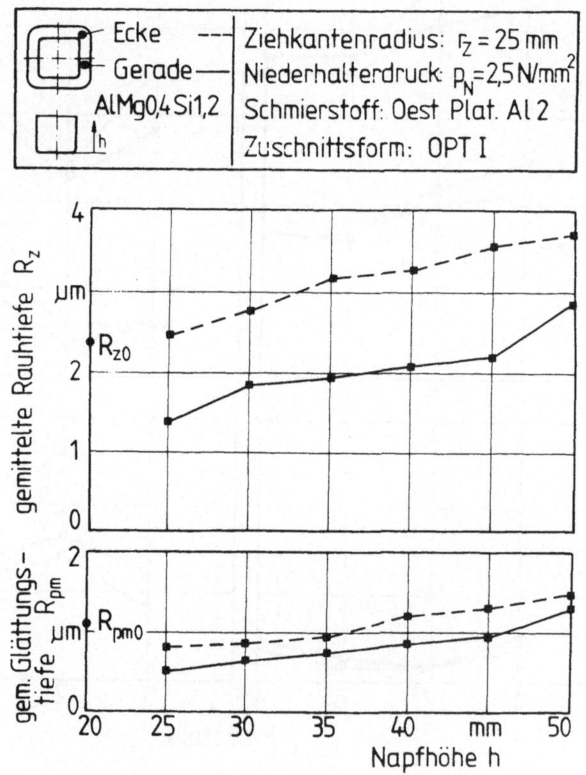

Bild 39: Abhängigkeit der Rauheit von der Zargenhöhe eines quadratischen Napfes.

5.1.3 Bodenform

Der Stempelkantenradius bestimmt die Bodenform eines Ziehteils und ist deshalb meist durch dessen Geometrie festgelegt. In Versuchen mit relativen Stempelkantenradien r_{St}/d_{St} zwischen 0,1 und 0,5 [9] ergab sich ein vernachlässigbarer Unterschied

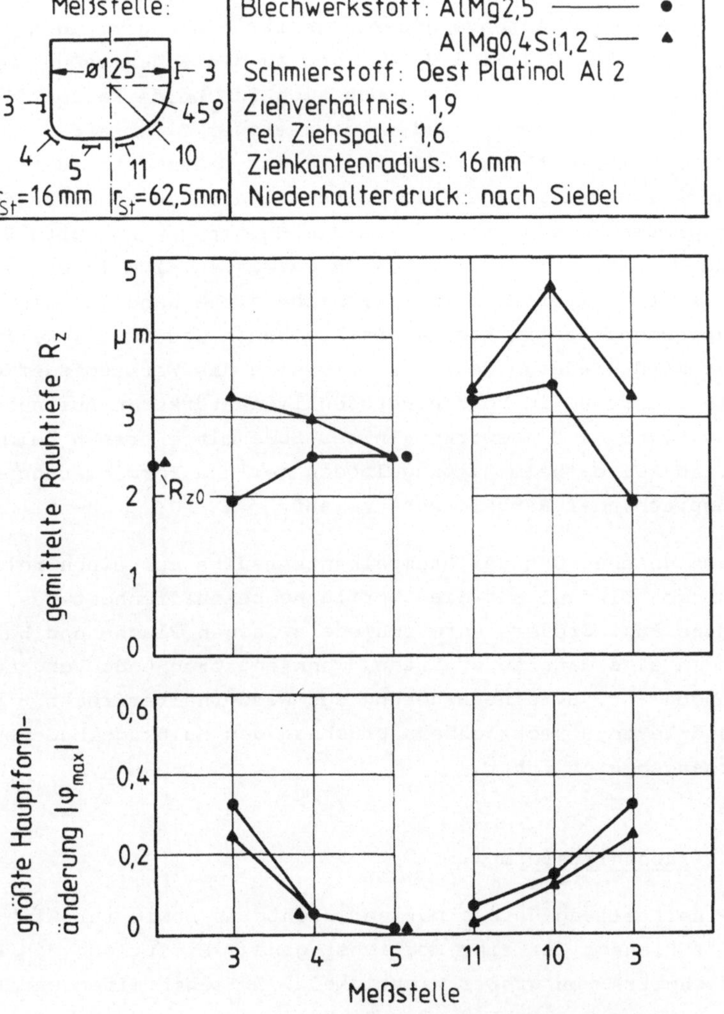

Bild 40: Einfluß der Bodenform kreisrunder Näpfe auf die Oberflächenbeschaffenheit.

im Kraftbedarf entsprechend der elementaren Theorie [71]. Im Hinblick auf die Formänderungsverteilung bewirkt erst der Übergang zur Halbkugelform (r_{St} = 62,5 mm) die Verschiebung der Formänderungen in den Streckziehbereichen (φ_1, φ_2 > 0).

Bild 40 zeigt den Vergleich der bei Stempelkantenradien von r_{St} = 16 mm (Flachboden) und r_{St} = 62,5 mm (Halbkugelbogen) entstehenden Oberflächenveränderungen für die Legierungen AlMg 2,5 und AlMg 0,4 Si 1,2. Für den an die Bodenrundung anschließenden Zargenbereich ergeben sich für beide Radien die gleichen Werte für $|\varphi_{max}|$ und - bei gleicher Ziehkraft - auch die gleichen Werte für R_z. Unter 45 ° zur Bodenmitte führt die Streckziehbeanspruchung im Halbkugelboden zu ungefähr doppelt so großen Formänderungen wie die Beanspruchung durch Biegung und Querstauchung bei r_{St} = 16 mm. Da es sich in beiden Fällen um frei umgeformte Oberflächenbereiche handelt, nimmt R_z entsprechend den in Kap. 4 beschriebenen Gesetzmäßigkeiten zu. Hier wird wiederum deutlich, wie sich das Werkstoffgefüge bzw. die Korngröße in Form einer deutlich stärkeren Aufrauhung für AlMg 0,4 Si 1,2 auswirkt. In der Bodenmitte treten beim Flachboden keine, beim Halbkugelboden geringe Formänderungen mit entsprechender Rauheitszunahme auf.

Insgesamt gesehen übt der Stempelkantenradius nur einen relativ geringen Einfluß auf die Oberflächenbeschaffenheit des Napfbodens aus. Größere Unterschiede zwischen Flach- und Halbkugelboden sind dann zu erwarten, wenn entsprechende Vorgangsbedingungen - z. B. eine Erhöhung des Niederhalterdrucks - zu einer stärkeren Streckziehbeanspruchung des Halbkugelbodens bei Vorgangsbeginn führt.

5.1.4 Zuschnittsform

Für die Herstellung unregelmäßiger Ziehteile sowie für Ziehteile mit Flansch ist eine möglichst genaue Ermittlung des Platinenzuschnitts von großer Wichtigkeit. Zwischen einem unteren Grenzwert, bei dem zum Ende des Ziehvorgangs gerade die Fertigteilform entstanden ist und einem oberen Grenzwert, über dem der behinderte Werkstofffluß zu Bodenreißern im Ziehteil führt und der Werkstoffverlust beim Beschneiden ein vertretbares Maß überschreitet, kann die Zuschnittsform frei gewählt werden. So können z. B. beim Karosserieziehen über die Platinenform die Reibungsverhältnisse im Ziehteilflansch beeinflußt und damit der Werkstofffluß gesteuert werden (s. [45]). Die Zuschnittsermittlung für unregelmäßig geformte Werkstücke ist noch weitgehend Erfahrungssache. Inzwischen wurde jedoch ein dialogfähiges Rechenprogramm entwickelt, das mit Hilfe der Gleitlinientheorie eine relativ schnelle und genaue Ermittlung der Zuschnittsform ermöglicht [63]. Zwei nach dieser Methode optimierte Zuschnittsformen (s. Abschn. 2.8, Bild 19) wurden in die Untersuchung über den Einfluß der Zuschnittsform auf die Oberflächenbeschaffenheit quadratischer Näpfe mit einbezogen.

Eine Veränderung der Zuschnittsform bzw. Zuschnittsfläche entspricht einer Änderung des Ziehverhältnisses, das sich bei unregelmäßigen Ziehteilen nach folgender Beziehung berechnen läßt [72]:

$$\beta = d'_o / d'_{St} \qquad (2)$$

$$\text{wobei } d'_o = 2\sqrt{A_o/\pi} \quad (A_o - \text{Zuschnittsfläche}) \qquad (3)$$

$$d'_{St} = 2\sqrt{A_{St}/\pi} \quad (A_{St} - \text{Stempelquerschnittsfläche}) \qquad (4)$$

Für die untersuchten Zuschnittsformen ergaben sich dementsprechend Ziehverhältnisse zwischen $\beta = 1{,}42$ (OPT I) und $\beta = 1{,}7$ (□ 340).

Bild 41 zeigt die Abhängigkeit der größten Ziehkraft F_{Zmax} von der Zuschnittsform bzw. von der vom Niederhalter beaufschlagten Platinenfläche.

Erwartungsgemäß nimmt F_{Zmax} mit größer werdender Platinenfläche bzw. größer werdendem Ziehverhältnis zu. Eine Ausnahme bildet die optimierte Zuschnittsform OPT II, bei der ein gleichmäßiges Nachfließen des Werkstoffs im Eckenbereich trotz größerer Fläche zu einer geringeren Ziehkraft führt. Der geringe Kraftabfall bei der Zuschnittsform 340/35 ist auf die bereits beginnende Einschnürung an der kritischen Stelle des Ziehteils zurückzuführen.

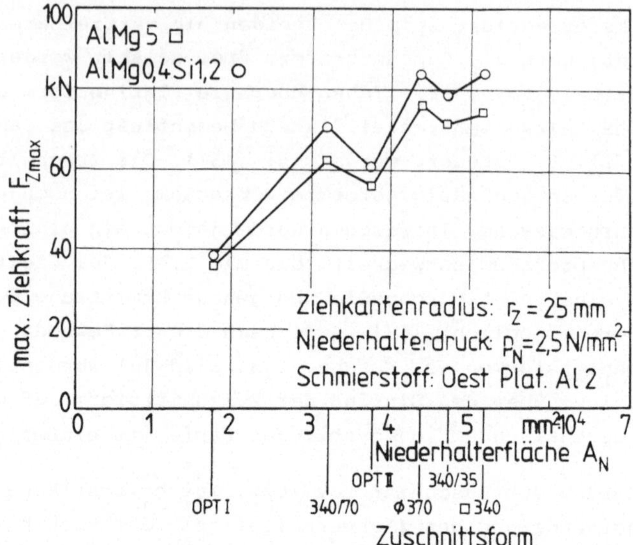

Bild 41: Kraftbedarf für verschiedene Zuschnittsformen (s. hierzu Bild 19) in Abhängigkeit von der wirksamen Niederhalterfläche.

Der Einfluß der verschiedenen Zuschnittsformen auf die Oberflächenbeschaffenheit des Ziehteils ist in Bild 42 für die Legierung AlMg 5 dargestellt. Dabei muß zwischen geraden Napfbereichen (Schnitt "Mitte") und Napfecken (Schnitt "Diagonale") unterschieden werden. Im geraden Flanschbereich (Schnitt "Mitte") ergibt sich für die Zuschnittsform □ 340 am Ziehkantenradius der gleiche R_z-Wert wie bei freier Umformung durch Biegen unter vergleichbaren Bedingungen ($r_Z = r_{St} = 10$ mm). Das bedeutet, daß das Blech ungebremst über die Ziehkante gelaufen sein muß, denn sonst hätte an der Ziehkante wie bei den übrigen Zuschnittsformen eine mehr oder weniger starke Glättung stattfinden müssen. Diese Glättung ist abhängig von der Größe der Drucknormalspannungen an der Ziehkante. Diese wiederum werden von der Bremswirkung des Niederhalters beeinflußt, die in geraden Flanschbereichen umso größer ist, je weniger das Blech im Eckenbereich aufdickt. Ein gleichmäßiger Niederhalterkontakt im gesamten Flanschbereich ergibt sich nur für die beiden optimierten Zuschnittsformen OPT I (durchgezogener Napf) und OPT II (Flanschzug). Hier wird im Eckenbereich das Nachfließen des Werkstoffs in Richtung Ziehkante nur wenig behindert, wodurch das Blech in diesem Bereich nur geringfügig aufdickt. Dies bewirkt im Vergleich zu den anderen Zuschnittsformen eine geringere Glättung der Blechoberfläche in der Ziehteilecke (Schnitt "Diagonale", Meßstellen 1 bis 3). Bei der Zuschnittsform 340/35 führt die beginnende Einschnürung am Ziehkantenradius zu einer starken Aufrauhung infolge Längsdehnung.

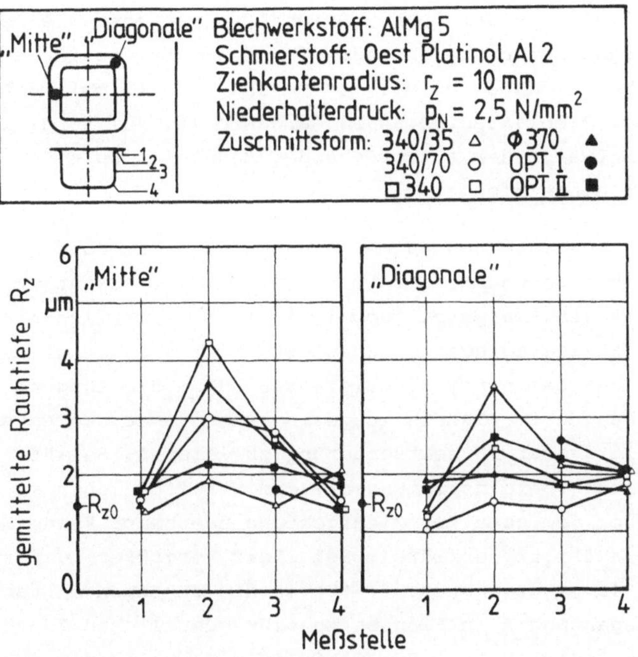

Bild 42: Einfluß der Zuschnittsform auf die Oberflächenveränderungen an quadratischen Näpfen.

Zusammenfassend läßt sich feststellen, daß ungünstige Zuschnittsformen (z. B. 340/35, Ø 370, □ 340) zu starken Rauheitsunterschieden in den geraden Napfbereichen und in den Napfecken führten. Eine relativ gleichmäßige Oberflächenbeschaffenheit ergab sich dagegen für die optimierten Zuschnittsformen [63] , die ferner den geringsten Kraftbedarf erforderten und die größte Ziehtiefe ermöglichten.

5.2 Werkzeugseitige Parameter

5.2.1 Ziehkantenradius

Der Einfluß verschiedener Ziehkantenradien auf die Oberflächenbeschaffenheit wurde parallel beim Streifenziehen mit Umlenkung, beim Tiefziehen kreisrunder Näpfe und beim Ziehen quadratischer Näpfe untersucht.

In Bild 43 sind in der linken Bildhälfte zunächst die Oberflächenveränderungen im Übergang Flansch-Zarge zweier unterschiedlicher Ziehstufen (t_Z = 30 mm und t_Z = 45 mm) in Abhängigkeit vom Ziehkantenradius r_Z dargestellt. Zum Vergleich sind die Meßwerte der entsprechenden Meßstelle beim Streifenziehen mit eingezeichnet.

Bei einer Ziehtiefe von 30 mm (Ziehstufe 1) wird die Oberfläche durch die gebundene Umformung bei allen Ziehkantenradien stark geglättet, was sich auch in einer beträchtlichen Abnahme des Profilleeregrads λ_p auswirkt. Dies ist darauf zurückzuführen, daß bei einer Ziehtiefe von 30 mm die tangentialen Druckspannungen im Flansch zu gering sind, um einen entscheidenden Beitrag zur Rauheitsänderung zu leisten. So läßt sich auch die gute Übereinstimmung mit dem Streifenziehen mit Umlenkung, bei dem quer zur Ziehrichtung überhaupt keine Beanspruchung auftritt, erklären. Bei einer Vergrößerung der Ziehtiefe auf 45 mm (Ziehstufe 2) führen die zunehmenden tangentialen Druckspannungen im Flansch zu einer deutlichen Zunahme von R_z infolge freier Umformung, obwohl gleichzeitig die höhere Ziehkraft zu größeren Drucknormalspannungen an der Ziehkante geführt hat. Auch der Profilleeregrad zeigt, daß der Anteil der gebundenen Umformung kleiner geworden ist.

Der Einfluß des Ziehkantenradius auf die Oberflächenveränderungen im Übergang Flansch-Zarge ist relativ gering, mit zunehmendem Radius ergibt sich eine geringfügige Abnahme von R_z und λ_p.

Deutlicher wird dieser Einfluß, wenn man die Oberflächenbeschaffenheit in der Zarge eines tiefgezogenen Napfes (Ziehstufe 3) betrachtet.

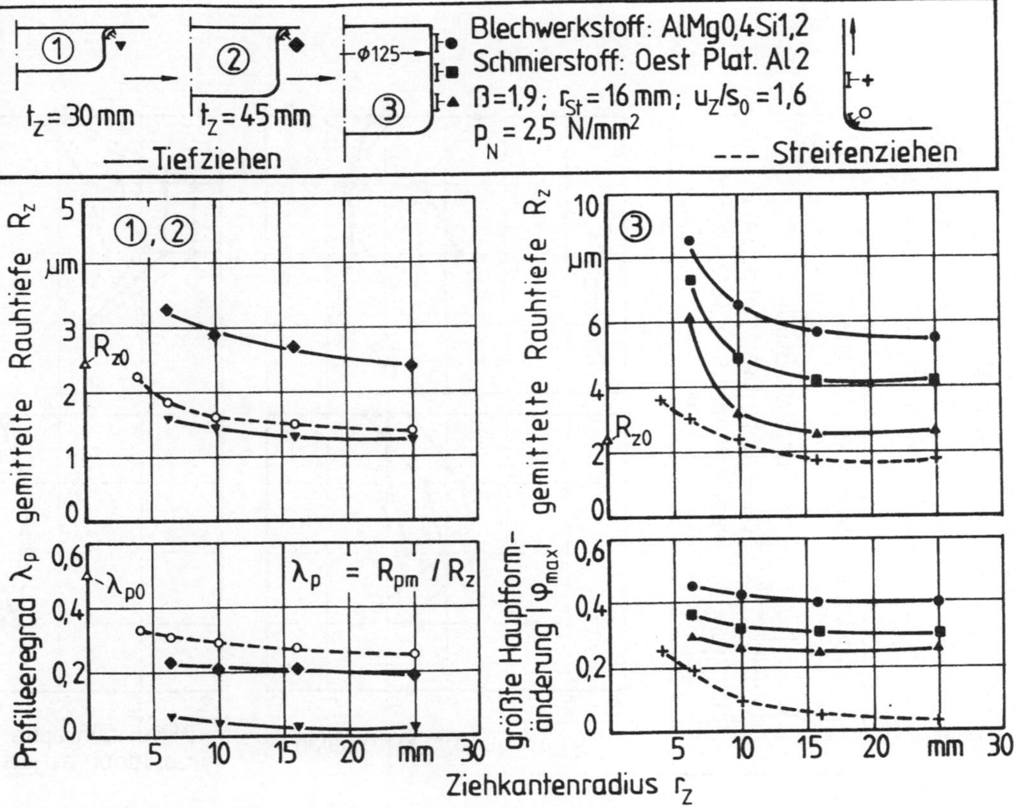

Bild 43: Einfluß des Ziehkantenradius auf die Oberflächenveränderungen an kreisrunden Näpfen.

Obwohl mit kleiner werdenden Ziehkantenradien $|\varphi_{max}|$ in den drei Meßstellen nur geringfügig zunimmt, steigt die Rauhtiefe für $r_Z < 16$ mm stark an. Dies ist dadurch zu erklären, daß die beim Überlaufen der Ziehkante mehr oder weniger geglättete Oberfläche beim Einlauf in die Zarge eine Rückbiegung erfährt, die zu einer freien Rauhung entsprechend der Größe des Ziehkantenradius führt. Für r_Z = 25 mm ergibt sich gegenüber r_Z = 16 mm keine weitere Veränderung. Allerdings können bei

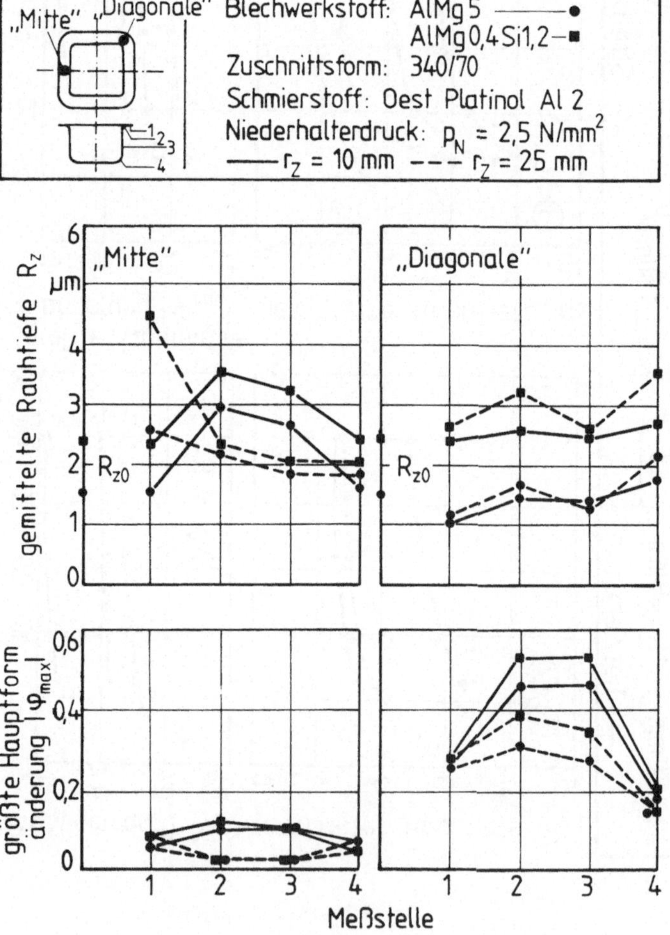

Bild 44: Einfluß des Ziehkantenradius auf die Oberflächenveränderungen an quadratischen Näpfen.

diesem Radius bereits Falten 2. Ordnung im nicht gestützten Bereich zwischen Niederhalter und Ziehstempel auftreten, die zu einer Unrundheit oder sogar zu Überlappungen am oberen Zargenrand führen.

Beim Ziehen quadratischer Näpfe konnten lediglich die Ziehkantenradien r_Z = 10 mm und r_Z = 25 mm verglichen werden.

Wie Bild 44 zeigt, ergeben sich deutliche Unterschiede vor allem in den geraden Napfbereichen (Schnitt "Mitte"). Hier führt der kleinere Radius zu größeren Formänderungen und damit zu einer stärkeren Aufrauhung infolge freier Umformung in den Bereichen Ziehkante und Zarge. Im Eckenbereich (Schnitt "Diagonale") führen die wesentlich größeren radialen Formänderungen ($\varphi_R = \varphi_{max}$) zu höheren Drucknormalspannungen an der Ziehkante, wodurch sich im Vergleich zum größeren Radius eine geringfügige Glättung ergibt. Auch hier zeigt sich, daß die relativ geringen Unterschiede in der größten Hauptformänderung für die beiden Legierungen AlMg 5 und AlMg 0,4 Si 1,2 in Abhängigkeit von der Korngröße zu stark unterschiedlichen Rauheitswerten führen.

Bisher wurden ausschließlich die Oberflächenveränderungen auf der Napfaußenseite betrachtet. Der wesentliche Unterschied auf der Innenseite besteht darin, daß die gebundene Umformung an der Ziehkante entfällt. Der Einfluß der unterschiedlichen Verhältnisse - freie Umformung auf der Innenseite, freie und gebundene Umformung auf der Außenseite - wird in Bild 45 deutlich.

Die REM-Aufnahmen zeigen das Heraustreten der Körner infolge freier Umformung auf der Innenseite und die Überlagerung der freien durch die gebundene Umformung auf der Außenseite.

Für die Oberfläche der Zargeninnenseite bedeutet dies eine mit abnehmendem Ziehkantenradius proportionale Aufrauhung entsprechend den Gesetzmäßigkeiten der freien Umformung (s. Kap. 4). Deutlich sind in der oberen Aufnahme eine Vielzahl von Gleitlinien zu erkennen, die sich teilweise bereits zu groben Gleitstufen formiert haben.

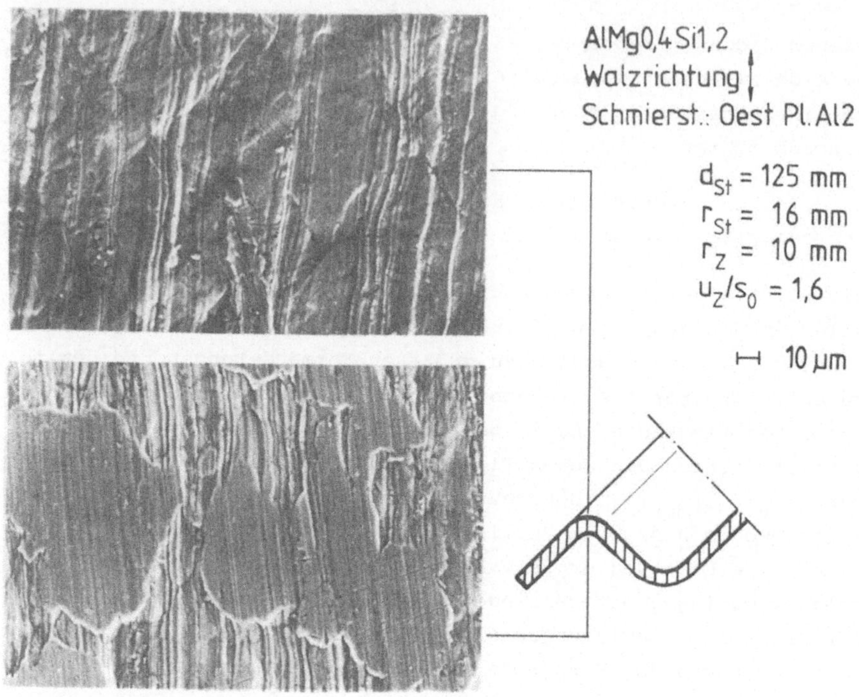

Bild 45: Oberflächenveränderungen am Ziehkantenradius - Vergleich von Innen- und Außenseite.

Abschließend ist festzustellen, daß im Hinblick auf die Oberflächenbeschaffenheit Ziehkantenradien von 10 mm $< r_Z <$ 16 mm für die untersuchten Aluminiumlegierungen empfohlen werden können. In [9] wird ein unterer Wert von 16 mm im Hinblick auf Kraftbedarf und Formänderungsverteilung vorgeschlagen.

5.2.2 Ziehspalt

Von den untersuchten Parametern hat der relative Ziehspalt u_Z/s_0 den größten Einfluß auf Kraftbedarf und Oberflächenbeschaffenheit. Seine Wahl richtet sich nach den Anforderungen an die Maßgenauigkeit der Ziehteile, die in bestimmten Fällen ein überlagertes Abstreckgleitziehen ($u_Z/s_0 < 1$) erforderlich machen können. Üblicherweise bewegt sich die Größe des relativen Ziehspalts je nach Werkstoff und Ziehverhältnis zwischen

u_Z/s_0 = 1,1 und 1,4 [62, 71, 73].

Im vorliegenden Fall wurden kreisrunde Näpfe mit relativen Ziehspalten u_Z/s_0 = 0,8 (Abstreckgleitziehen), 1,2 und 1,6 gezogen. Dabei ergab sich ein starker linearer Anstieg des Kraftbedarfs mit abnehmendem Ziehspalt.

Den Einfluß des relativen Ziehspalts auf die Oberflächenbeschaffenheit kreisrunder Näpfe zeigt Bild 46. Bei einem relativen Ziehspalt u_Z/s_0 = 0,8 steigen die radialen Formänderungen ($\varphi_R = \varphi_{max}$) stark an, während R_z durch den Abstreckvorgang deutlich verringert wird. Der Einfluß der gebundenen Umformung zeigt sich auch in der Abnahme des Profilleeregrads λ_p. Eine Erhöhung des relativen Ziehspalts von 1,2 auf 1,6 führt dagegen nicht zu wesentlichen Unterschieden in der Oberflächenbeschaffenheit, wenngleich verschiedene Vorgänge dafür verantwortlich sind.

Für u_Z/s_0 = 1,2 bewirken die größeren radialen Formänderungen ($\varphi_R = \varphi_{max}$) auf der einen Seite höhere Drucknormalspannungen und damit eine stärkere Glättung an der Ziehkante, zum anderen rauht die Zargenoberfläche infolge Längsdehnung auch wieder stärker auf als bei einem Ziehspalt von 1,6. Für u_Z/s_0 = 1,6 ergibt sich im oberen Zargenbereich eine deutliche Blechdickenzunahme, hervorgerufen durch tangentiale Druckspannungen (s. auch [9]). Die kleineren radialen Formänderungen führen zu einer geringeren Glättung an der Ziehkante, so daß sich insgesamt eine geringe Zunahme von R_z ergibt. Allerdings kann der große Ziehspalt eine Unrundheit der Näpfe am oberen Zargenrand bewirken.

Für eine ausreichende Maßgenauigkeit (Wanddicke, Rundheit, Achsparallelität) und Oberflächenbeschaffenheit bei noch vertretbarem Kraftbedarf kann ein relativer Ziehspalt von u_Z/s_0 = 1,2 als guter Kompromiß angesehen werden.

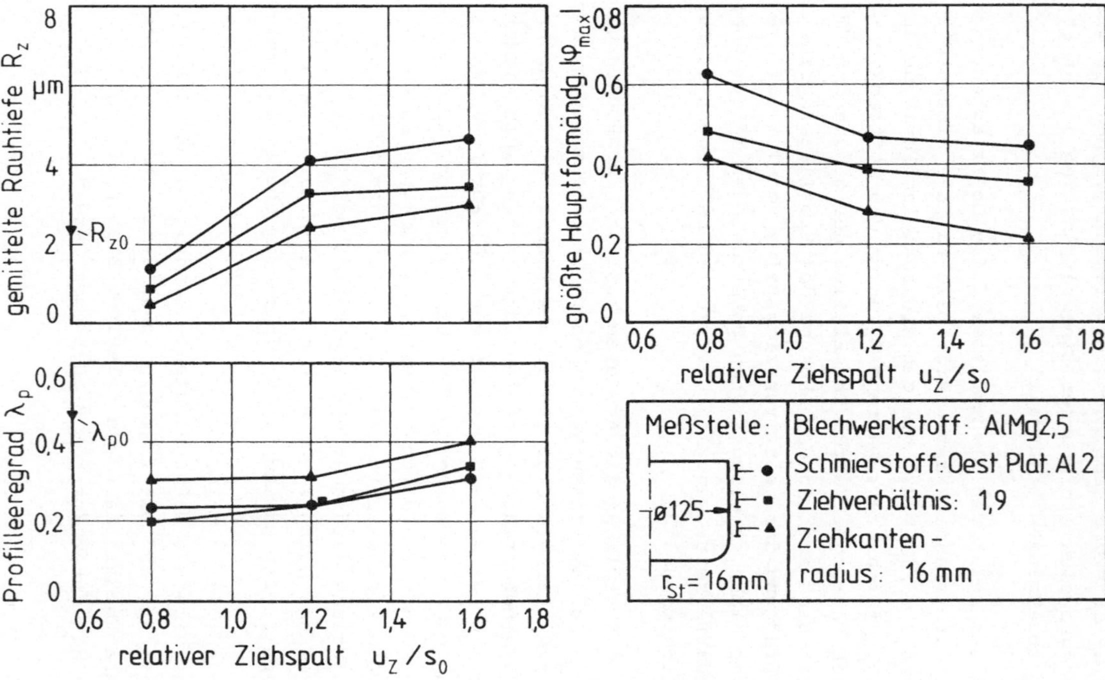

Bild 46: Einfluß des Ziehspalts auf die Oberflächenbeschaffenheit kreisrunder Näpfe.

5.2.3 Einsatz von Ziehleisten

Die Auswirkungen von Ziehleisten auf Oberflächenbeschaffenheit und Kraftbedarf wurden sowohl beim Streifenziehen als auch beim Ziehen quadratischer Näpfe untersucht.

Die beiden Schwerpunkte waren Einfluß von Ziehleistenhöhe (bei konstanter Ziehleistenbreite von b_Z = 10 mm) und Ziehleistenanordnung (s. Tabellen 3 und 6).

Bild 47 zeigt den Zusammenhang zwischen Kraftbedarf und Ziehleistenhöhe bzw. -anordnung beim Streifenziehen.

In Abhängigkeit von der Ziehleistenhöhe ergibt sich zwischen h_Z = 0 und h_Z = 3,6 mm eine lineare Zunahme des Kraftbedarfs um ca. 75 %. Beim Ziehen quadratischer Näpfe ergab sich die gleiche Tendenz, die Zunahme des Kraftbedarfs in Abhängigkeit von Ziehleistenhöhe und -anordnung war jedoch geringer als beim Streifenziehen.

Eine einfache Ziehleistenanordnung führt unabhängig vom Abstand der Ziehleisten zur Ziehkante zu einer Erhöhung von F_{zmax} um ca. 60 %. Bei doppelter Ziehleistenanordnung ist der Kraftbedarf etwa zweimal so groß wie beim Ziehen ohne Ziehleisten.

Neben dem Kraftbedarf wird auch die Oberflächenbeschaffenheit durch den Einsatz von Ziehleisten stark beeinflußt.

Beim Streifenziehen über Ziehleisten (Bild 48) bewirkte eine Vergrößerung der Ziehleistenhöhe eine deutliche Erhöhung von $|\varphi_{max}|$ gegenüber dem Streifenziehen ohne Ziehleisten für alle Meßstellen. Die Oberflächenveränderungen - hier ausgedrückt in R_z und R_a - zeigen den mehrmaligen Wechsel von freier und gebundener Umformung.

Die Oberfläche wird ziehringseitig zunächst beim Überlaufen der Ziehleiste in Abhängigkeit von der Ziehleistenhöhe frei gerauht. Anschließend wird diese Aufrauhung durch die gebundene Umformung am Auslauf aus der Ziehleistenmatrize sowie beim Überlaufen der Ziehkante wieder deutlich verringert. Im durchge-

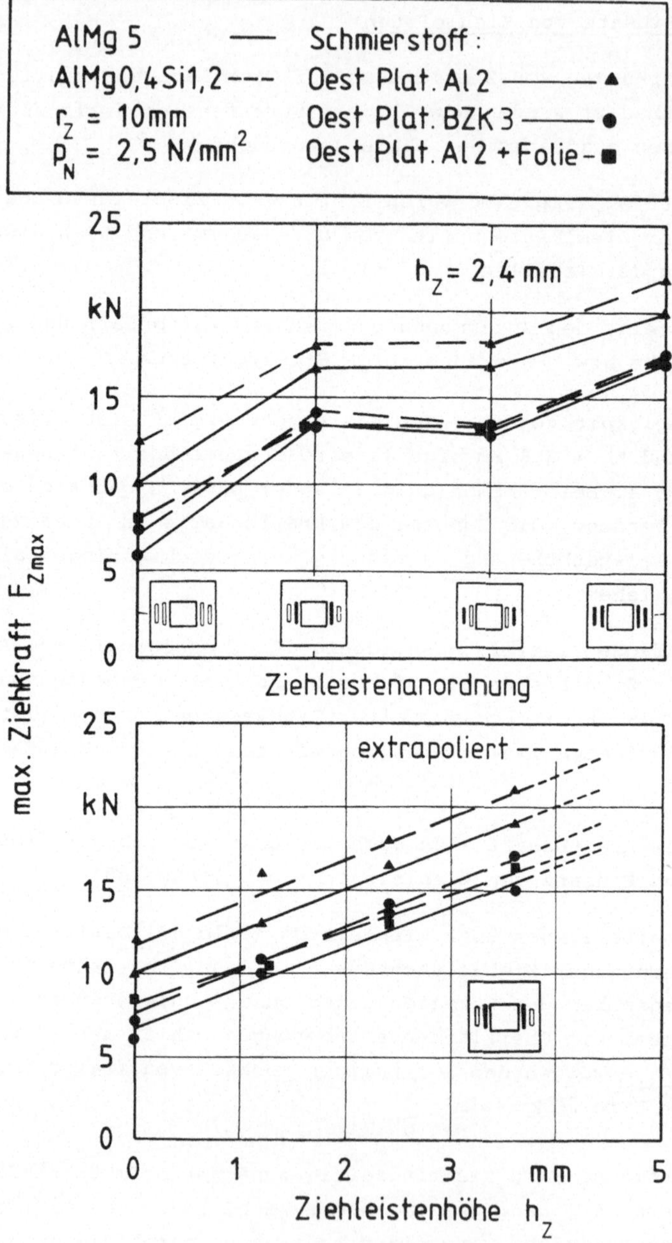

Bild 47: Einfluß von Ziehleistenhöhe und Ziehleistenanordnung auf den Kraftbedarf beim Streifenziehen.

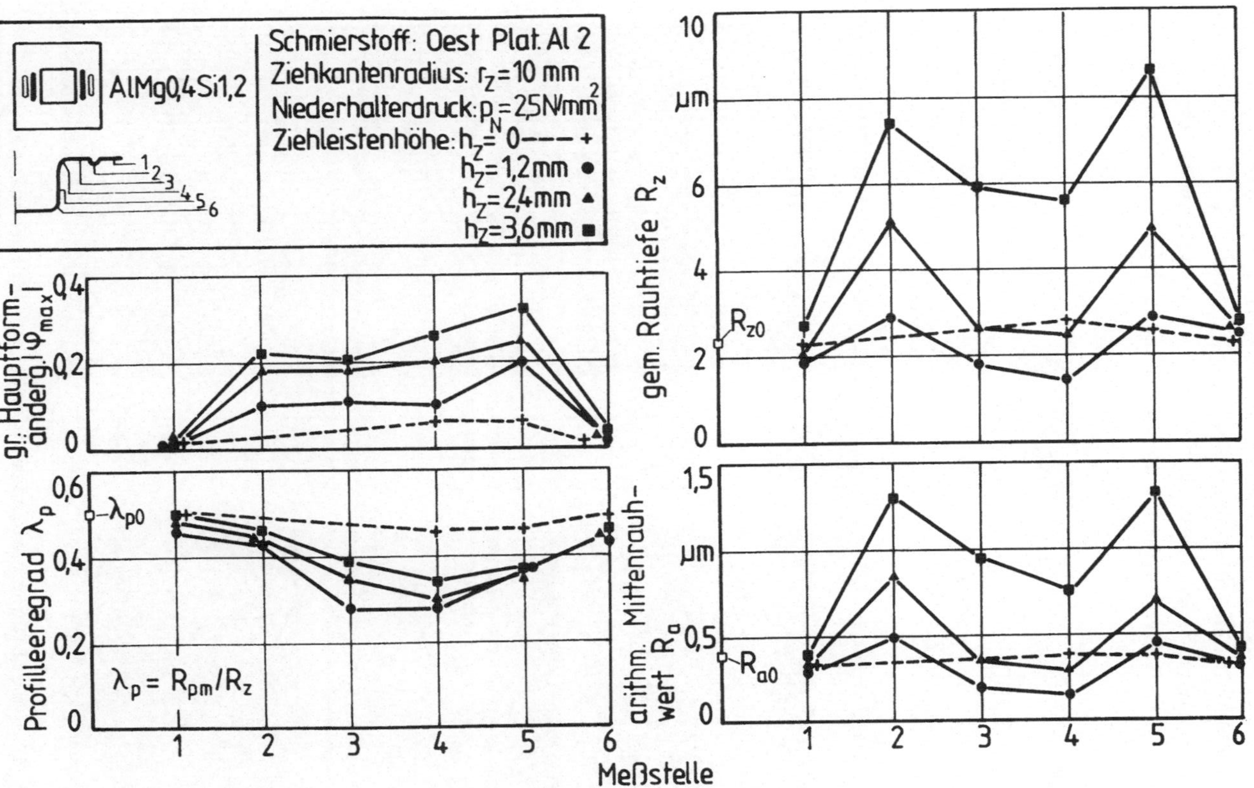

Bild 48: Oberflächenveränderungen beim Streifenziehen in Abhängigkeit von der Ziehleistenhöhe.

zogenen Bereich des Streifens (Meßstelle 5) führt die mit der Ziehleistenhöhe zunehmende Längsdehnung zu einer entsprechenden freien Rauhung der Oberfläche. Diese Erscheinungen können qualitativ anhand von REM-Aufnahmen bestätigt werden (Bild 49).

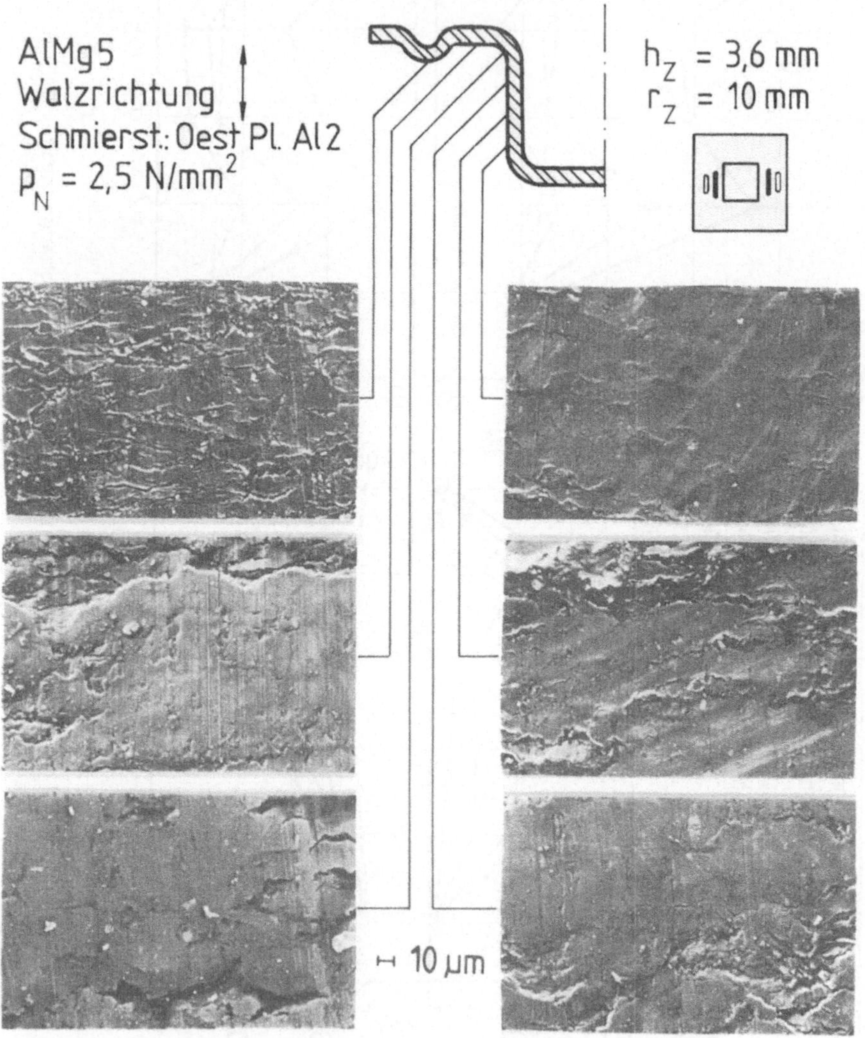

Bild 49: Oberflächenveränderungen beim Streifenziehen über Ziehleisten.

Auffallend ist, daß die Struktur der Ausgangsoberfläche praktisch nicht mehr zu erkennen ist. Es bilden sich schuppenartige Flächen, die die Walzstruktur der Oberfläche fast vollständig überdecken.

Für die dem Niederhalter bzw. dem Stempel zugewandte Seite des Streifens ergeben sich genau die umgekehrten Verhältnisse (Bild 50) - nämlich Glättung beim Überlaufen der Ziehleiste und freie Rauhung an den Meßstellen 3 und 4. Trotz der unterschiedlichen "Geschichte" von Streifeninnen- und -außenseite weist der durchgezogene Streifen (Meßstelle 5) in beiden Fällen dieselbe Oberflächenbeschaffenheit auf.

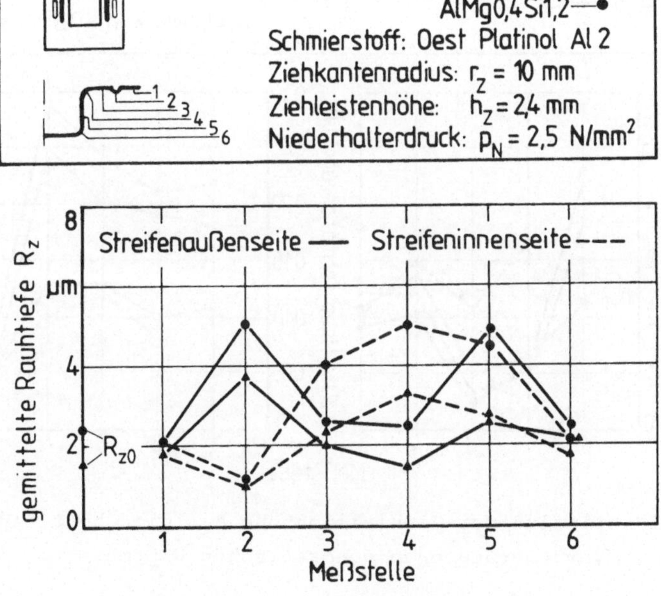

Bild 50: Vergleich von Innen- und Außenseite beim Streifenziehen über Ziehleisten.

Beim Ziehen quadratischer Näpfe verhindert die Anordnung von Ziehleisten in den geraden Flanschpartien ein freies Nachfliessen des Werkstoffs. Diese Bremswirkung erhöht die Drucknormalspannungen an der Ziehkante und am Auslauf aus der Ziehleistenmatrize, was zu einer starken Glättung der zuvor beim Überlaufen der Ziehleiste frei gerauhten Oberfläche an diesen Stellen führt (Bild 51).

Aufgrund der gleichzeitig erhöhten radialen Formänderungen in der Zarge und der damit verbundenen freien Rauhung steigt R_z wieder in etwa auf den Wert an, der sich beim Ziehen ohne Ziehleisten für diesselbe Meßstelle ergibt. Die Eckenbereiche werden durch den Einsatz von Ziehleisten nur wenig beeinflußt.

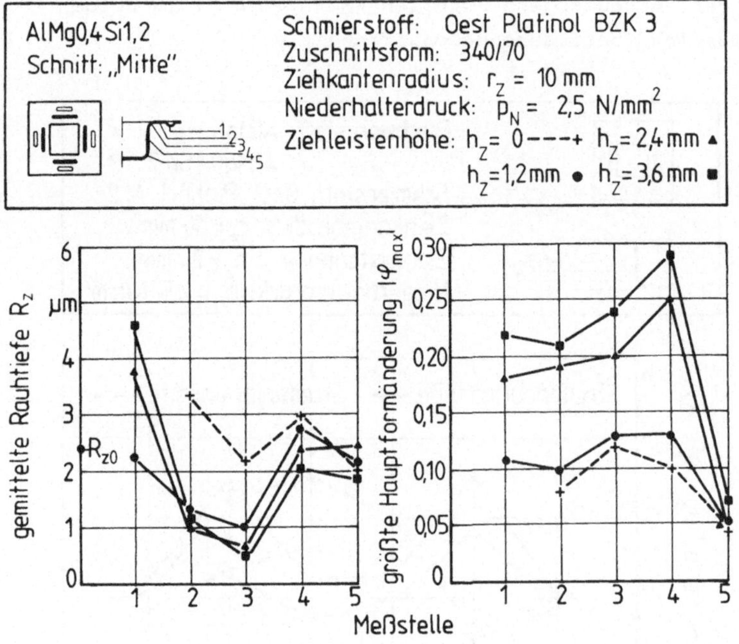

Bild 51: Einfluß der Ziehleistenhöhe auf die Oberflächenveränderungen an quadratischen Näpfen.

Auf den Einfluß des Profiltraganteils der Oberflächen von Tiefziehblechen auf die Umformbarkeit wurde bereits hingewiesen [49], von Interesse sind jedoch auch die Veränderungen während des Umformvorgangs.
In Bild 52 ist der Mikroprofiltraganteil t_{pi} über den einzelnen Meßstellen aufgetragen, und zwar für relative Schnittlinientiefen c/R_z = 20 %, 40 % und 60 %. Es zeigt sich, daß der Einsatz

von Ziehleisten zu einer sehr starken Erhöhung von t_{pi} am Auslauf aus der Ziehleistenmatrize (Meßstelle 2) und an der Ziehkante (Meßstelle 3) führt. Dort beträgt der Traganteil für c/R_z= 40 % bereits über 80 %.

Dies bedeutet eine Verschlechterung der Reibungsbedingungen durch eine Vergrößerung der Grenzreibungsanteile, was zum einen die erforderliche Ziehkraft erhöht, zum anderen das Auftreten von Kaltverschweißungen begünstigt.
Eine Vergrößerung der Ziehleistenhöhe von h_z = 1,2 mm auf h_z = 3,6 mm bewirkt eine weitere, wenn auch geringe Zunahme des Traganteils.

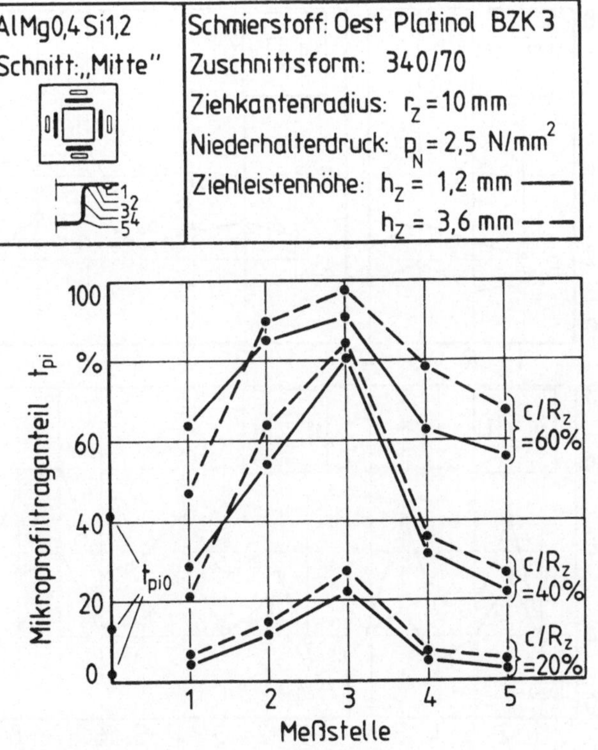

Bild 52: Einfluß der Ziehleistenhöhe auf den Profiltraganteil beim Ziehen quadratischer Näpfe.

Bei der Untersuchung des Einflusses verschiedener Ziehleistenanordnungen wurden Streifen ohne Ziehleisten sowie mit einfacher und doppelter Ziehleistenanordnung gezogen. Bei einfacher Anordnung wurde zudem der Abstand zwischen Ziehleistenmitte und Ziehkante verändert (21 mm und 51 mm).

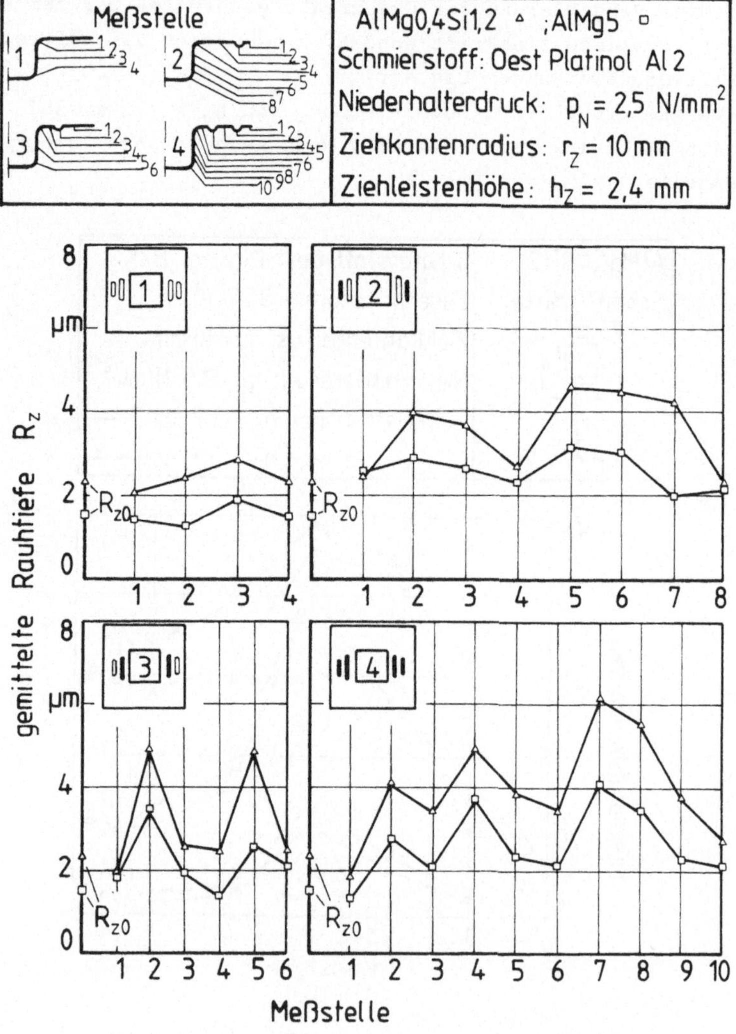

Bild 53: Einfluß der Ziehleistenanordnung auf die Oberflächenveränderungen beim Streifenziehen.

Die Verhältnisse im Flansch sind beim Einsatz von Ziehleisten durch den mehrmaligen Wechsel von freier und gebundener Umformung gekennzeichnet. Dies wird bei der doppelten Ziehleistenanordnung besonders deutlich (Bild 53). Für den durchgezogenen Bereich des Streifens entsprechen die Rauheitsunterschiede für die verschiedenen Anordnungen den Unterschieden im Kraftbedarf (s. Bild 47), hervorgerufen durch die entsprechende Größe der radialen Formänderung φ_R.

Ein Einfluß des Ziehleistenabstandes von der Ziehkante ergibt sich lediglich im Flanschbereich, wo der kleinere Abstand von 21 mm zunächst zu einer etwas größeren Aufrauhung an der Ziehleiste, dann aber auch zu einer stärkeren Glättung in den nachfolgenden Bereichen führt. Der kleinere Abstand ist jedoch vorzuziehen, da bei dieser Anordnung ein Ziehleisteneingriff bis Vorgangsende bei geringerem Werkstoffbedarf gewährleistet wird.

Beim Ziehen quadratischer Näpfe ergaben sich in Abhängigkeit von der Ziehleistenanordnung grundsätzlich dieselben Oberflächenveränderungen, wenngleich auch nicht so ausgeprägt.

Es sollte in diesem Zusammenhang jedoch erwähnt werden, daß beim Ziehen quadratischer Näpfe mit Halbkugelboden der kleinere Ziehleistenabstand einen bis zu 40 % höheren Kraftbedarf zur Folge hatte [9], während sich bei Näpfen mit Flachboden die auch hier festgestellten Verhältnisse ergaben.

5.3 Schmierstoff

Der Einfluß verschiedener Schmierstoffe auf die Oberflächenveränderungen wurde beim Streifenziehen mit Umlenkung und beim Tiefziehen kreisrunder Näpfe untersucht. Die wichtigsten Kennwerte und die Beschreibung der Schmierstoffe sind in Tabelle 4 enthalten. Darüber hinaus wurde bei diesen Versuchen noch die Verwendung einer PVC-Ziehfolie auf der Ziehringseite mit einbezogen, die bereits im Walzwerk auf die AlMg 0,4 Si 1,2-Bleche aufgebracht worden war.

Während im Zusammenhang mit dem Auftreten von Kaltverschweißungen keine Abhängigkeit von der kinematischen Viskosität

der Schmierstoffe festgestellt werden konnte (s. Kap. 3), sind die Oberflächenveränderungen direkt und indirekt von der Viskosität des verwendeten Schmierstoffes abhängig. Direkt deshalb, weil mit zunehmender Viskosität des Schmierstoffs der Anteil der freien Umformung am Umformvorgang zunimmt [32,33] - wobei die PVC-Folie näherungsweise als Schmierstoff mit unendlicher Viskosität angesehen werden kann - und indirekt, weil durch die Viskosität eines Schmierstoffs über die Ziehkraft auch die Formänderungen und damit die Oberflächenveränderungen beeinflußt werden.
Besonders deutlich wird dies beim Streifenziehen mit Umlenkung (Bild 54).

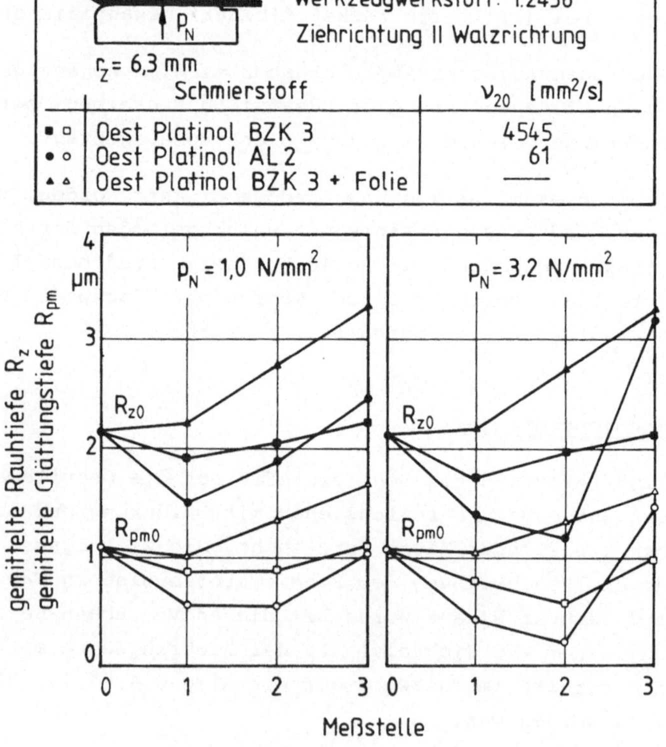

Bild 54: Oberflächenveränderungen beim Streifenziehen mit Umlenkung in Abhängigkeit vom Schmierstoff.

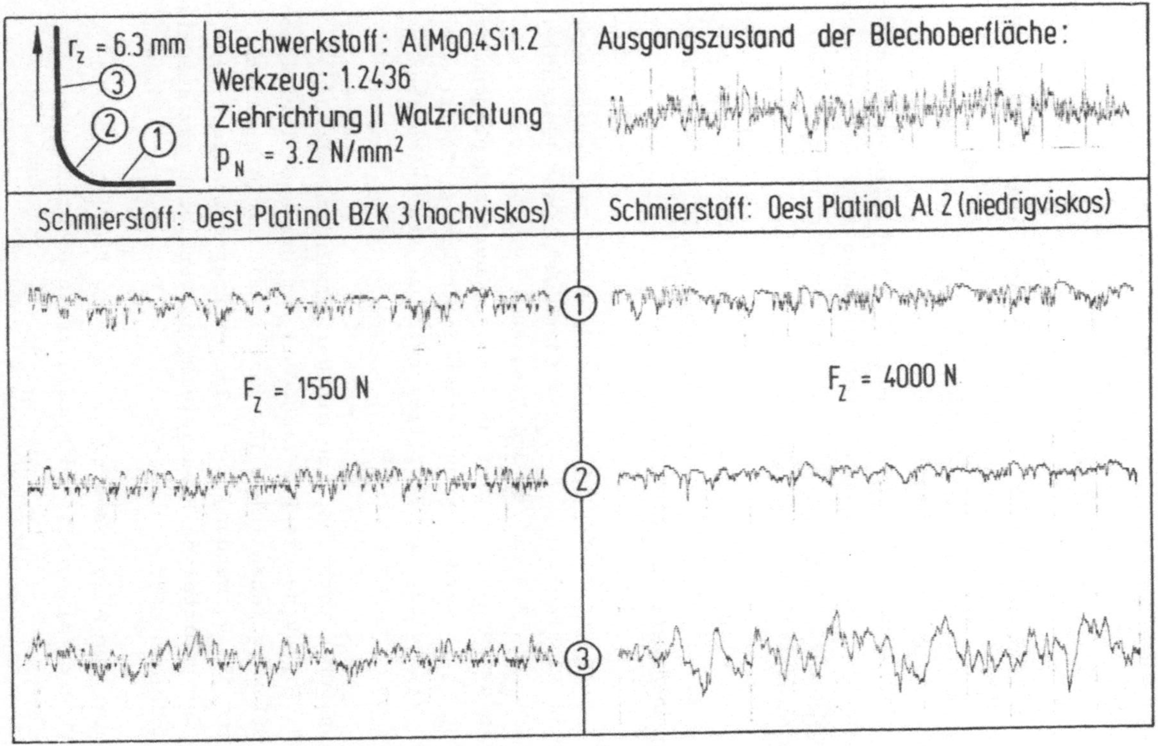

r_z = 6.3 mm

Blechwerkstoff: AlMg0.4Si1.2
Werkzeug: 1.2436
Ziehrichtung II Walzrichtung
p_N = 3.2 N/mm²

Ausgangszustand der Blechoberfläche:

Schmierstoff: Oest Platinol BZK 3 (hochviskos)

Schmierstoff: Oest Platinol Al 2 (niedrigviskos)

F_Z = 1550 N

F_Z = 4000 N

Bild 55: Einfluß der Schmierstoff-Viskosität auf die Oberflächenbeschaffenheit beim Streifenziehen mit Umlenkung.

Hier wurden ein niedrigviskoser und ein hochviskoser Schmierstoff sowie die PVC-Ziehfolie in Verbindung mit dem hochviskosen Schmierstoff bei zwei Niederhalterdrücken verglichen. Am offensichtlichsten werden die Unterschiede beim höheren Niederhalterdruck von p_N = 3,2 N/mm².

Bei Verwendung einer PVC-Ziehfolie wird die Streifenoberfläche ausschließlich frei umgeformt. Auch beim hochviskosen Schmierstoff spielt die gebundene Umformung nur eine untergeordnete Rolle. Dagegen führt die Verwendung eines niedrigviskosen Schmierstoffs in den Bereichen Niederhalter und Ziehkante zu einer starken Glättung der Oberfläche, die dann aber im durchgezogenen Bereich des Streifens infolge der von der höheren Ziehkraft hervorgerufenen Längsdehnung wieder stark aufrauht.

Der unterschiedliche Einfluß der beiden Schmierstoffe auf die Streifenoberfläche läßt sich anschaulich auch in Form von Profilschrieben darstellen (Bild 55).

Beim Tiefziehen kreisrunder Näpfe aus AlMg 2,5 mit den Schmierstoffen Oest Platinol Al 2 (ν_{20} = 61 mm²/s), Oest Platinol V 711/80 (ν_{20} = 300 mm²/s) und Esso 60 (ν_{20} = 240 mm²/s) konnte kein nennenswerter Einfluß auf die Oberflächenbeschaffenheit festgestellt werden, auch wenn beim Schmierstoff mit der geringsten Viskosität der Profilleeregrad am stärksten abnahm (Bild 56).

In einer weiteren Versuchsreihe mit der Aluminiumlegierung AlMg 0,4 Si 1,2 wurde die PVC-Ziehfolie mit dem niedrigviskosen Schmierstoff verglichen (Bild 56, gestrichelt eingezeichnet). Dabei führte die Verwendung der Folie annähernd zu einer Verdoppelung der gemittelten Rauhtiefe R_z im Vergleich zum niedrigviskosen Schmierstoff.

Der gegenüber dem Ausgangswert unveränderte Profilleeregrad λ_p ist ein weiterer Hinweis auf die rein freie Umformung beim Ziehen mit Folie.

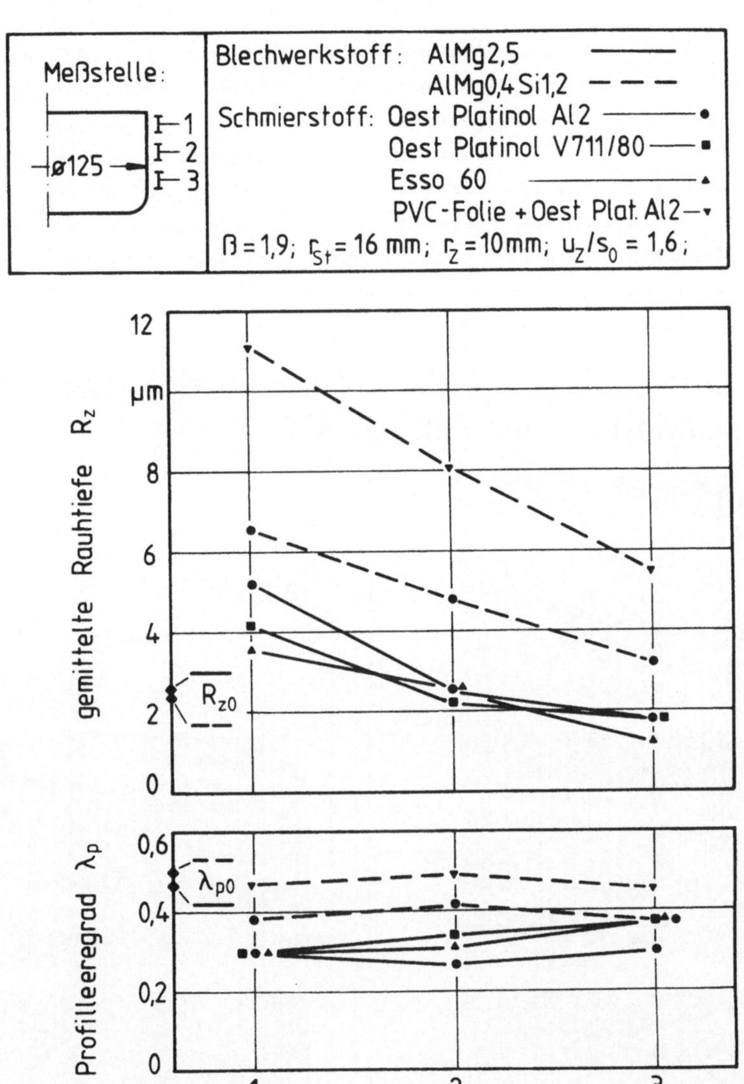

Bild 56: Einfluß des Schmierstoffs auf die Oberflächenbeschaffenheit von kreisrunden Näpfen.

In Bild 57 lassen sich die Oberflächenveränderungen beim Ziehen mit Folie anhand von REM-Aufnahmen verfolgen. Es ist deutlich zu erkennen, daß in keinem Bereich des Napfes gebundene Umformung stattgefunden hat. Die freie Umformung führt zu einer "Welligkeit" der Walzstruktur, hervorgerufen durch starke Kornverformung. In den Bereichen Ziehkante und Flanschmitte lassen sich sehr schön die Korngrenzen und eine Vielzahl von Gleitlinien und vereinzelt auch Gleitstufen erkennen.

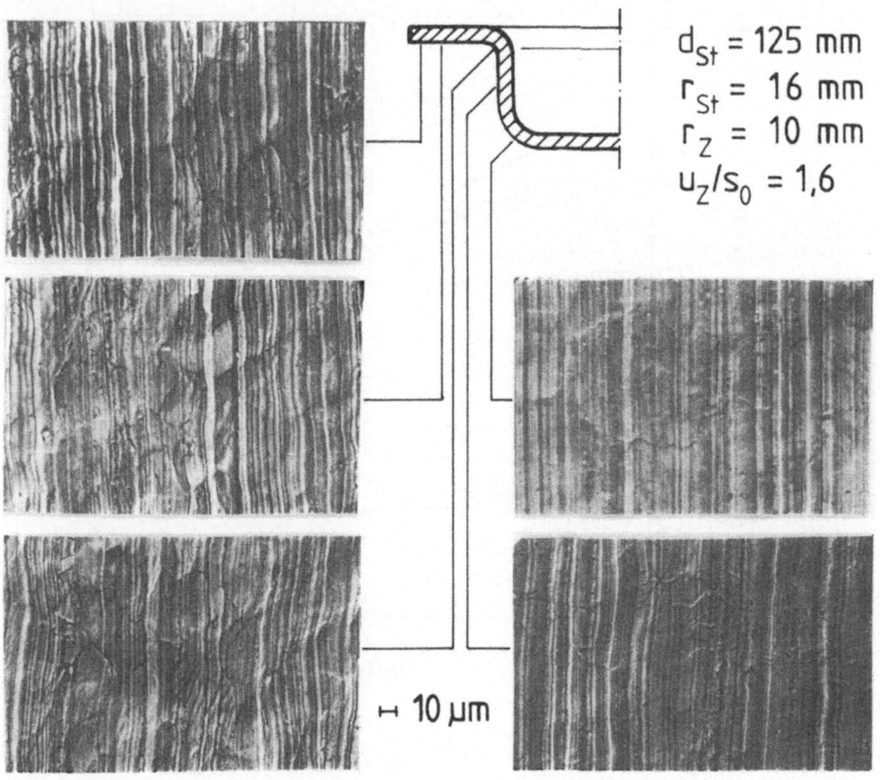

Bild 57: Oberflächenveränderungen beim Ziehen kreisrunder Näpfe mit PVC-Ziehfolie.

Der Einfluß des Schmierstoffs auf die Oberflächenbeschaffenheit von Ziehteilen läßt sich dahingehend zusammenfassen, daß unterschiedliche Schmierstoffe zwar die "Geschichte" einer Oberfläche beeinflussen, im Endeffekt aber zum ähnlichen Ergebnis am Fertigteil führen.
Eine Ausnahme stellt lediglich die Verwendung einer Ziehfolie dar, die auf jeden Fall eine deutliche Zunahme der Rauheit infolge freier Umformung nach sich ziehen wird.

5.4 Maschinenseitige Parameter

5.4.1 Niederhalterdruck

Der beim Tiefziehen im Erstzug erforderliche Niederhalterdruck läßt sich mit ausreichender Genauigkeit nach der folgenden, von Siebel [71] aufgestellten Beziehung berechnen:

$$p_N = (2 \text{ bis } 3) \cdot 10^{-3} \, [(\beta - 1)^3 + 0{,}5 \cdot 10^{-2} \cdot d_0/s_0)] \cdot R_m \qquad (5)$$

Beim Ziehen von kreisrunden Näpfen wurde jeweils der mittlere Wert des nach dieser Beziehung berechneten Niederhalterdrucks eingestellt, sofern in den Bildern nichts anderes angegeben ist.

Eine Halbierung oder Verdoppelung dieses Wertes bewirkte eine Veränderung des Kraftbedarfs um lediglich 2 % nach unten bzw. nach oben.

Bild 58 zeigt den Einfluß des relativen Niederhalterdrucks $p_N/p_{N(n.Siebel)}$ auf die Oberflächenbeschaffenheit im Flansch bei 45 mm Ziehtiefe (1) und in der Zarge eines durchgezogenen Napfes (2).
Zunächst fällt auf, daß bei einer Erhöhung des relativen Niederhalterdrucks von 0,5 auf 1,0 die Rauhtiefe R_z an allen Meßstellen zunimmt, obwohl eigentlich das Gegenteil zu erwarten wäre. Eine Erklärung dafür kann aufgrund der vorliegenden Ergebnisse nicht gegeben werden. Eine weitere Verdoppelung des relativen Niederhalterdrucks auf 2,0 führt vor allem im Flansch zu deutlichen Oberflächenveränderungen.

Insbesondere am Flanschaußenrand, wo die durch tangentiale Druckspannungen hervorgerufene Blechaufdickung zu einer starken Erhöhung der Drucknormalspannungen führt, wird die Oberfläche stark geglättet. Auch an der Ziehkante findet eine Glättung statt, während in der Flanschmitte die Oberfläche unabhängig vom Niederhalterdruck durch tangentiale Druckspannungen frei umgeformt wird. Damit läßt sich die Existenz des in [40] festgestellten Schmierstoffkeils zwischen Flanschaußenrand und Ziehkante auch seitens der Oberflächenveränderungen bestätigen.

Nach dem Überlaufen der Ziehkante nimmt R_z in der Zarge des fertigen Napfes infolge freier Umformung (Rückbiegung und Längsdehnung) wieder geringfügig zu.

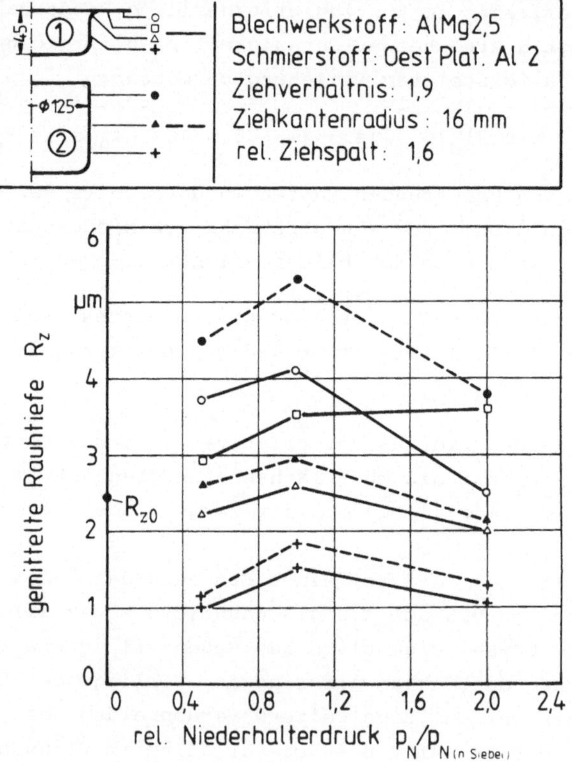

Bild 58: Einfluß des Niederhalterdrucks auf die Oberflächenbeschaffenheit kreisrunder Näpfe.

Die Auswirkungen des Wechsels von gebundener zu freier und wieder zu gebundener Umformung sowie der Verdoppelung des Niederhalterdrucks auf die Oberflächenbeschaffenheit im Flanschbereich lassen sich auch am Verlauf des Mikroprofiltraganteils t_{pi} erkennen (Bild 59).

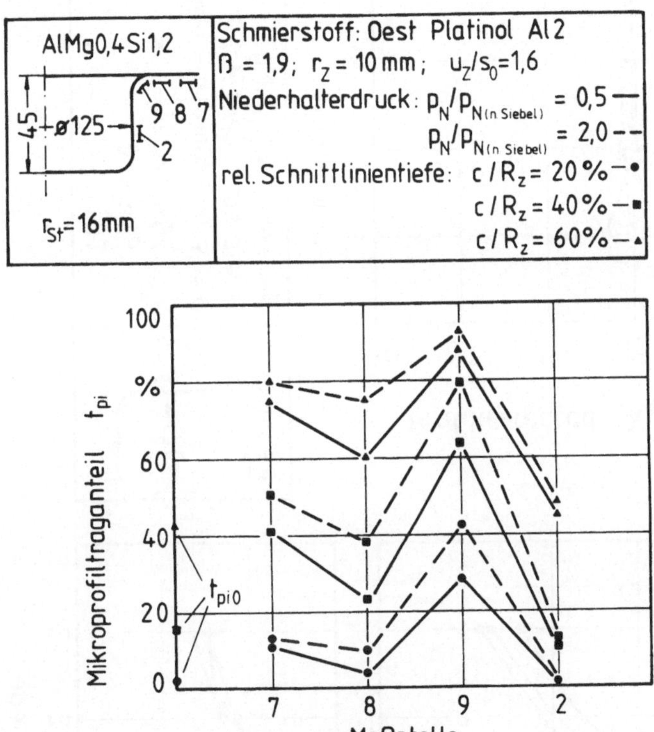

Bild 59: Abhängigkeit des Mikroprofiltraganteils vom Niederhalterdruck.

5.4.2 Stößelgeschwindigkeit

Der Einfluß der Stößelgeschwindigkeit auf die Oberflächenbeschaffenheit wurde beim Tiefziehen kreisrunder Näpfe innerhalb des auf der verwendeten hydraulischen Presse einstellbaren Geschwindigkeitsbereichs in drei Stufen (v_{St} = 25/50/70 mm/s) untersucht.

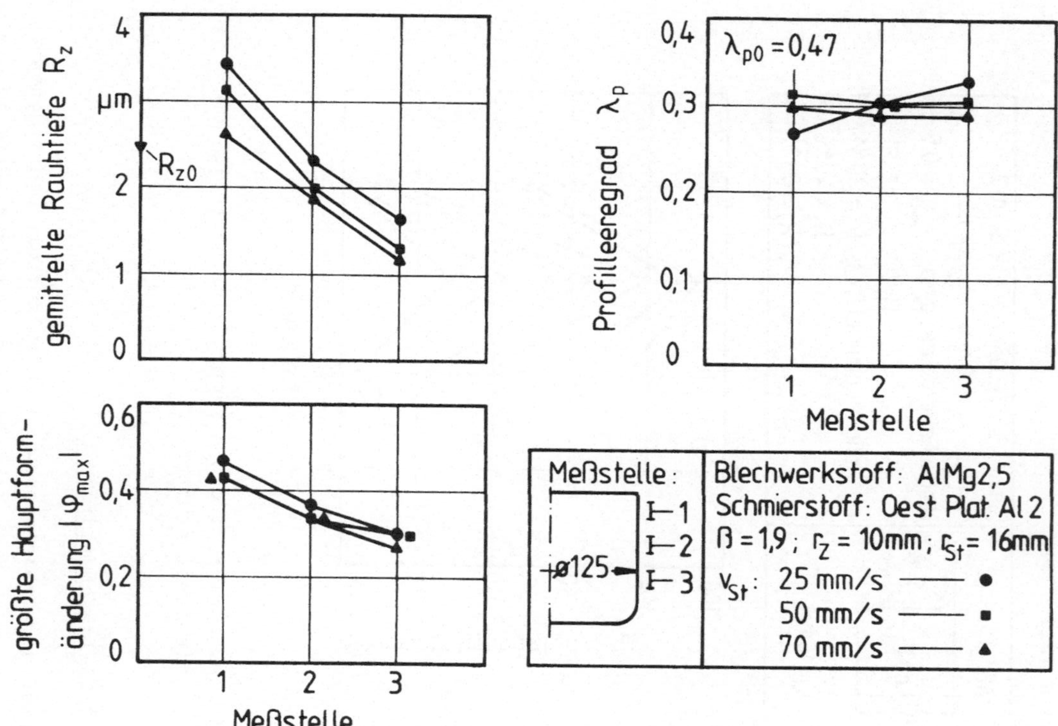

Bild 60: Einfluß der Stößelgeschwindigkeit auf die Oberflächenbeschaffenheit kreisrunder Näpfe.

Mit dem Schmierstoff Oest Platinol Al 2 ergab sich im Gegensatz zu [9] eine eindeutige, wenn auch geringfügige Abnahme des Kraftbedarfs mit zunehmender Stößelgeschwindigkeit. Dabei lag der Unterschied zwischen kleinster und größter Geschwindigkeit bei ca. 10 %. Tendenziell gleich, aber in der Auswirkung deutlich geringer war der Einfluß auf die größte Hauptformänderung $|\varphi_{max}|$ (Bild 60).
Betrachtet man die Meßstelle 2 in der Napfmitte, so deutet der ebenfalls abnehmende Wert der gemittelten Rauhtiefe R_z darauf hin, daß die Verringerung von $|\varphi_{max}|$ zumindest für die hier gewählten Parameter einen größeren Einfluß auf die Oberflächenbeschaffenheit ausübt als die aufgrund der höheren Stößelgeschwindigkeit verbesserten Reibungsbedingungen. Dabei entspricht die Abhängigkeit der Rauheitsänderung von $|\varphi_{max}|$ ziemlich genau den Verhältnissen bei freier Umformung (s. Kap. 4) - ein weiterer Hinweis auf den starken Einfluß der freien Umformung während des Ziehvorgangs.

6 Folgerungen für den Einsatz von Aluminiumblechen in der industriellen Praxis

Der angestrebte Einsatz von Blechen aus Aluminiumlegierungen in der Großserienfertigung erfordert zum einen die Optimierung der Werkstoffeigenschaften durch die Blechhersteller, zum anderen die Optimierung des Fertigungsablaufs bei der Verarbeitung. Dazu gehören eine "aluminiumgerechte" Gestaltung von Werkzeug und Werkstück in der Konstruktion sowie die Festlegung günstiger Vorgangsbedingungen bei der Fertigungsplanung und in der Fertigung selbst.

Im folgenden sollen einige, aus der vorliegenden Arbeit resultierende Empfehlungen hinsichtlich der Vermeidung von Kaltverschweißungen sowie der Beeinflussung der Oberflächenbeschaffenheit beim Ziehen von Blechteilen aus Aluminiumlegierungen gegeben werden.

Tribologische Gesichtspunkte

Die "mill-finish"-Oberflächenstruktur der untersuchten Aluminiumlegierungen führte hinsichtlich der Reibungseigenschaften und damit auch im Zusammenhang mit dem Auftreten von Kaltverschweißungen zu einer eindeutigen Richtungsabhängigkeit.
Beim Streifenziehen ohne Umlenkung unter 90° zur Walzrichtung konnten deutlich höhere Niederhalterdrücke aufgebracht werden als beim Ziehen parallel zur Walzrichtung.

Für die Zukunft erscheint deshalb eine Veränderung der bisher noch weitgehend üblichen "mill-finish"-Oberfläche von Aluminiumblechen in Richtung isotroper Oberfläche - vergleichbar der von Stahlblech - notwendig. Diese sollte neben einer gewissen Mindestrauheit ($5\ \mu m < R_z < 10\ \mu m$) einen möglichst großen räumlichen Leeregrad λ_r und eine geringe Zunahme des Mikroprofiltraganteils mit steigender Schnittlinientiefe aufweisen.

Karosseriebleche aus Aluminium mit diesen Eigenschaften sind seit geraumer Zeit auf dem Markt verfügbar. Die geänderten Reibungseigenschaften der isotropen Oberfläche erfordern jedoch eine erneute Abstimmung mit den für die Verarbeitung von Aluminiumblechen mit "mill-finish"-Oberfläche entwickelten Schmierstoffe.

Der starke Einfluß tribologischer Vorgänge zeigte sich auch beim Vergleich der beiden Legierungen AlMg 0,4 Si 1,2 und AlMg 5, für die sich eine im Gegensatz zu Festigkeitskennwerten und Fließkurven stehende Reihenfolge im Kraftbedarf ergab (s. Bilder 26 und 33). Einflußgrößen wie Rauhtiefe, Profilform und Chemismus der Ausgangsoberflächen sollte deshalb besondere Beachtung zukommen.

Die untersuchten Oberflächenbehandlungsverfahren für die Werkzeuge führten durchweg zu einer Verringerung der Kaltschweißneigung im Vergleich zum unbehandelten Gußwerkstoff bzw. zum gehärteten Stahlwerkstoff.

Bei Großwerkzeugen sind die Verfahren Tenifer-Nitrieren und Ionitrieren aufgrund der niedrigen Behandlungstemperatur (< 600 °C) und dem damit verbundenen geringen Verzug vorteilhaft anwendbar.

Bei der Wahl eines für die Umformung von Blechen aus Aluminiumlegierungen geeigneten Schmierstoffs sind mehrere Faktoren zu berücksichtigen.

Besonders wichtig sind die Auswirkungen auf Kraftbedarf und Formänderungsverteilung, ferner ist die Vermeidung von Kaltverschweißungen von großer Bedeutung. Auch die Entfernbarkeit eines Schmierstoffs sollte mit Rücksicht auf einen reibungslosen Fertigungsablauf mit in die Überlegungen einbezogen werden.

Kraftbedarf und Formänderungsverteilung werden von Schmierstoffen mit höherer kinematischer Viskosität positiv beeinflußt, während für die Vermeidung von Kaltverschweißungen die Schmierstoffadditive entscheidend sind.

Im Zusammenhang mit der Oberflächenbeschaffenheit von Ziehteilen beeinflussen unterschiedliche Schmierstoffe zwar die "Geschichte" einer Oberfläche, führen im Endeffekt aber zum ähnlichen Ergebnis, so daß eine Optimierung hinsichtlich des Schmierstoffs in erster Linie nach den oben genannten Kriterien erfolgen kann.

Die Verwendung einer PVC-Ziehfolie bringt zwar eine Verbesserung hinsichtlich Kraftbedarf und Formänderungsverteilung, führt jedoch auch zu einer deutlichen Zunahme der Rauheit der Ziehteiloberfläche.

Werkstückbezogene Gesichtspunkte

Beim Vergleich der untersuchten Blechwerkstoffe zeigte sich der starke Einfluß der Korngröße auf die Oberflächenbeschaffenheit gezogener Streifen und Näpfe. Bild 61 zeigt hierzu den Zusammenhang zwischen Rauhtiefe, Korngröße und Umformgrad bei rein freier Umformung (einachsiger Zugversuch). Betrachtet man zum Vergleich die Verhältnisse in der Zarge eines tiefgezogenen Napfs (Bild 62), so ergibt sich ein ähnlicher Verlauf.
Dies zeigt, daß die freie Umformung auch bei realen Ziehvorgängen die wesentliche Rolle spielt, und daß damit die Korngröße des Blechwerkstoffs als die wichtigste Einflußgröße im Hinblick auf die Oberflächenbeschaffenheit von Ziehteilen angesehen werden muß.
Im Interesse einer gleichmäßigen Oberflächenbeschaffenheit mit nicht zu großer Rauheit ist deshalb ein feinkörniges Werkstoffgefüge - vergleichbar dem von AlMg 5 - günstig. Bei der Legierung AlMg 0,4 Si 1,2 dagegen kann die fast doppelt so große Korngröße unter bestimmten Vorgangsbedingungen bereits zu einer Überschreitung der zulässigen Rauhtiefe führen.

Beim Ziehen kreisrunder Näpfe wurden Ziehverhältnisse von 1,6, 1,8 und 2,0 untersucht.
Ausgehend von $\beta = 1{,}8$ bewirkte eine Veränderung des Ziehverhältnisses nach beiden Richtungen eine Zunahme der Rauheit in der Napfzarge.

Beim Ziehen unregelmäßiger Blechteile spielt die Zuschnittsform eine wichtige Rolle. Ungünstige Zuschnittsformen führen zu starken Rauheitsunterschieden zwischen den geraden Napfbereichen und den Napfecken sowie zu einer Verringerung der erreichbaren Ziehtiefe.
Anzustreben ist eine möglichst kleine Platinenfläche - nicht zuletzt aus Gründen der Werkstoffersparnis, die ein möglichst gleichmäßiges Nachfließen des Werkstoffs aus dem Flansch gewährleistet.

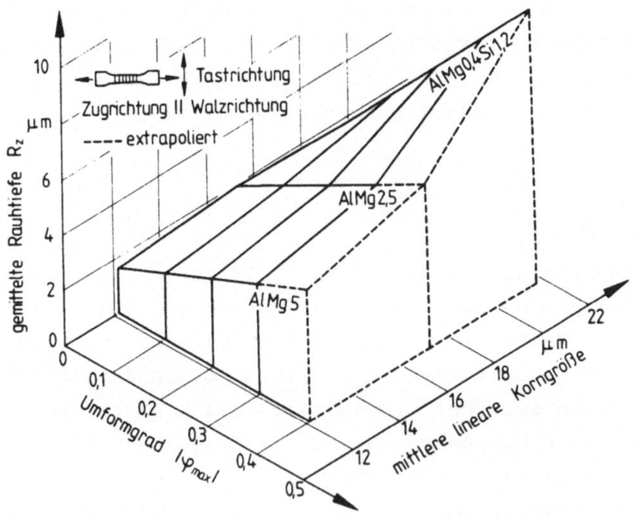

Bild 61: Zusammenhang zwischen Rauhtiefe, Umformgrad und Korngröße bei freier Umformung (einachsiger Zugversuch).

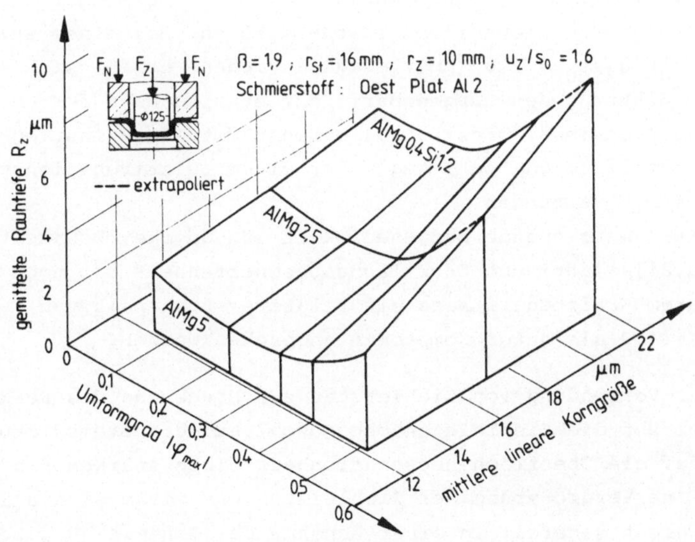

Bild 62: Zusammenhang zwischen Rauhtiefe, Umformgrad und Korngröße in der Zarge kreisrunder Näpfe.

Diese Forderungen werden von den entsprechend [63] optimierten Zuschnittsformen vollständig erfüllt, für die sich eine relativ gleichmäßige Oberflächenbeschaffenheit ergab und die außerdem den geringsten Kraftbedarf erforderten und die größte Ziehtiefe ermöglichten.

Werkzeugbezogene Gesichtspunkte

Für relative Ziehkantenradien $r_Z/s_0 < 10$ nehmen die Rauheit der Zargenoberfläche und der Kraftbedarf stark zu. Die geringste Ziehkraft erforderte ein relativer Ziehkantenradius $r_Z/s_0 = 25$. Allerdings können in diesem Fall Falten 2. Ordnung im nicht gestützten Bereich zwischen Niederhalter und Ziehstempel auftreten, die zu einer Unrundheit am oberen Zargenrand führen.
Für die untersuchten Aluminiumlegierungen können deshalb relative Ziehkantenradien von $10 \leq r_Z/s_0 \leq 16$ empfohlen werden.
In [9] wird ein unterer Wert von $r_Z/s_0 = 16$ im Hinblick auf Kraftbedarf und Formänderungsverteilung vorgeschlagen.

Über die Einstellung des Ziehspalts läßt ein besonders großer Einfluß auf die Ziehteiloberfläche ausüben. Bei einem relativen Ziehspalt $u_Z/s_0 = 0,8$ (Abstreckgleitziehen) ergibt sich eine starke Glättung der Zargenoberfläche entsprechend der Oberfläche des Ziehrings. Dies ist allerdings mit einem Anstieg des Kraftbedarfs um ca. 40 % gegenüber einem relativen Ziehspalt $u_Z/s_0 = 1,6$ verbunden.
Für eine ausreichende Maßgenauigkeit (Wanddicke, Rundheit, Achsparallelität) und Oberflächenbeschaffenheit bei noch vertretbarem Kraftbedarf kann ein relativer Ziehspalt von $u_Z/s_0 = 1,2$ als guter Kompromiß angesehen werden.

Bei der Verwendung von Ziehleisten zur Steuerung des Werkstoffflusses übt die Ziehleistenhöhe sowohl auf die Bremswirkung als auch auf die Oberflächenbeschaffenheit einen starken Einfluß aus. Eine Vergrößerung der Ziehleistenhöhe wirkt sich allerdings nicht generell in einer Zunahme der Rauheit aus. Beim Ziehen quadratischer Näpfe führte die Vergrößerung der Ziehleistenhöhe zu einer Verringerung der radialen Formänderungen in der Napfdiagonalen und einer Erhöhung von φ_R in den gera-

den Napfbereichen. Dadurch ergab sich im Vergleich zum Ziehen ohne Ziehleisten eine gleichmäßigere Oberflächenbeschaffenheit. Der Ziehleistenabstand von der Ziehkante ist ohne Einfluß auf die Oberflächenbeschaffenheit. Ein möglichst kleiner Abstand ist jedoch vorzuziehen, da bei dieser Anordnung ein Ziehleisteneingriff bis Vorgangsende bei geringerem Werkstoffbedarf gewährleistet ist.
Die doppelte Ziehleistenanordnung führt bei gleicher Ziehleistenhöhe auf jeden Fall zu einer stärkeren Aufrauhung entsprechend den größeren radialen Formänderungen im Ziehteil.
Wenn allerdings eine starke Bremswirkung gefordert wird, ist die doppelte Anordnung mit im Vergleich zur einfachen Anordnung geringerer Ziehleistenhöhe vorzuziehen, da dies zu einer geringeren Aufrauhung im Ziehteil führt.

Maschinenbezogene Gesichtspunkte

Eine Halbierung oder Verdoppelung des nach Siebel berechneten Niederhalterdrucks bewirkte beim Ziehen kreisrunder Näpfe unter Verwendung eines niedrigviskosen Schmierstoffs lediglich eine Veränderung des Kraftbedarfs um 2 % nach unten bzw. nach oben. Auch die Auswirkung auf die Oberflächenbeschaffenheit der Näpfe war relativ gering; stärkere Veränderungen ergaben sich lediglich bei Ziehteilen mit Flansch im Flanschbereich.
Unter Berücksichtigung aller Gesichtspunkte muß der nach Siebel berechnete Niederhalterdruck jedoch als Optimum angesehen werden.

Eine Erhöhung der Stößelgeschwindigkeit von 25 mm/s auf 70 mm/s führte zu einer geringfügigen Abnahme der radialen Formänderungen in der Zarge kreisrunder Näpfe. Parallel dazu verringerte sich die Rauhtiefe.
Der untersuchte Geschwindigkeitsbereich war jedoch zu klein, um aus den Ergebnissen eine Empfehlung ableiten zu können.

7 Zusammenfassung

Für Bleche aus Aluminiumlegierungen gelten gegenüber Stahlblech besondere Gesetzmäßigkeiten hinsichtlich

- Festigkeitseigenschaften und Umformverhalten
- Neigung zum Kaltverschweißen
- Beschaffenheit der Ausgangsoberfläche
- Verhalten bei der Oberflächenwandlung.

Diese werkstoffspezifischen Eigenschaften müssen bei der Optimierung des Umformvorgangs berücksichtigt werden. Mit der vorliegenden Arbeit sollen die dazu notwendigen Voraussetzungen geschaffen werden.

Die aus dem Stand der Erkenntnisse abgeleitete Zielsetzung der Arbeit umfaßte zwei unterschiedliche Schwerpunkte - das Auftreten von Kaltverschweißungen und die Oberflächenveränderungen beim Ziehen in Abhängigkeit ausgewählter Vorgangsparameter.

Als Versuchswerkstoffe wurden die naturharten Legierungen AlMg 2,5 und AlMg 5 sowie die kalt ausgehärtete Legierung AlMg 0,4 Si 1,2 ausgewählt.

Das Auftreten von Kaltverschweißungen wurde beim Streifenziehen ohne Umlenkung untersucht. Die Parameter waren Blechwerkstoff, Schmierstoff, Werkstoff und Oberflächenbehandlung des Werkzeugs sowie Ziehgeschwindigkeit. Als wesentliche Forderung ergibt sich aus den Versuchsergebnissen die Veränderung der "mill-finish"-Oberfläche in Richtung isotroper Oberfläche - vergleichbar der von Stahlblech.

Im Zusammenhang mit Oberflächenveränderungen wurde zunächst das Verhalten der Aluminiumlegierungen bei freier Umformung durch Zug- und Biegeversuche untersucht. Dabei wurde ein starker Einfluß der Korngröße auf die Rauheitsänderung der Blechoberflächen festgestellt.

Auf der Grundlage der Gesetzmäßigkeiten der freien Umformung wurde beim Streifenziehen mit Umlenkung sowie beim Ziehen kreisrunder und quadratischer Näpfe der Einfluß der werkstückseitigen Parameter Werkstoff, Ziehverhältnis bzw. Ziehtiefe, Bodenform und Zuschnittsform auf die Oberflächenbeschaffenheit bestimmt. Als wichtige Einflußgröße aus dem Bereich der Wirkfuge wurde der Schmierstoff variiert, während seitens des Werkzeugs der Einfluß verschiedener Ziehkantenradien, Ziehspalte sowie der Höhe und Anordnung von Ziehleisten untersucht wurde. Den Abschluß bildete die Ermittlung des Einflusses der maschinenseitigen Parameter Niederhalterdruck und Stößelgeschwindigkeit.

Die Ergebnisse zeigten einheitlich, daß auch bei realen Ziehvorgängen der größte Einfluß auf die Oberflächenbeschaffenheit der Ziehteile von der freien Umformung ausgeht. Für die Größe der Rauheitsänderung ist neben der Korngröße des Werkstoffs die in den verschiedenen Werkstückbereichen auftretende größte Hauptformänderung $|\varphi_{max}|$ verantwortlich. Da die Korngröße als fester Parameter angesehen werden muß, kann eine Optimierung des Ziehvorgangs hinsichtlich der Oberflächenbeschaffenheit im wesentlichen nur über eine Beeinflussung der größten auftretenden Hauptformänderung erfolgen. Aus diesem Grund sind die Vorgangsparameter so zu wählen, daß sich ein möglichst geringer Kraftbedarf und eine günstige Formänderungsverteilung ergibt.

Die abschließend gegebenen Empfehlungen zur Vermeidung von Kaltverschweißungen sowie zur Beeinflussung der Oberflächenbeschaffenheit beim Ziehen von Blechteilen aus Aluminiumlegierungen können dazu beitragen, die bestehenden Probleme bei der Verarbeitung dieses Werkstoffs zu verringern.

8 Tabellen

Tabelle 1: Chemische Zusammensetzung der Versuchswerkstoffe (nach Werkszeugnis)

Legierungs-elemente	% Cu	% Cr	% Fe	% Mg	% Mn	% Si	% Ti	% Zn	% Al
AlMg2,5	0,024	0,201	0,25	2,77	0,09	0,13	-	-	Rest
AlMg5	0,01	-	0,29	4,50	0,34	0,08	0,009	0,01	Rest
AlMg0,4Si1,2	0,11	0,03	0,30	0,40	0,07	1,20	0,02	0,04	Rest

Tabelle 2: Kennwerte der Versuchswerkstoffe.

Werkstoff	Winkel zur Walzrichtung	Zug-festigkeit	Streck-grenze	Gleich-maßdehnung	Bruchein-schnürung	senkr. Anisotropie	Verfestigungs-exponent
		R_m N/mm²	$R_{p0,2}$ N/mm²	A_g %	Z %	r -	n -
AlMg 2,5	0 °	225	108	23	70,0	0,67	0,27
	45 °	220	105	26	72,0	0,61	0,28
	90 °	215	105	23	73,2	0,72	0,26
AlMg 5	0 °	290	144	25	64,8	0,69	0,32
	45 °	277	141	29	61,0	0,79	0,33
	90 °	278	143	28	61,4	0,86	0,33
AlMg 0,4 Si 1,2	0 °	259	142	27	50,8	0,66	0,24
	45 °	250	132	28	52,0	0,45	0,26
	90 °	250	132	29	59,0	0,58	0,26

Tabelle 3: Variierte Parameter beim Streifenziehen

	Variierte Parameter \ Modellversuch	F_Z, p_N	F_Z, p_N	F_Z, p_N
WERKSTÜCK	Werkstoff	AlMg2,5 AlMg5 AlMg0,4Si1,2	AlMg5 AlMg0,4Si1,2	AlMg5 AlMg0,4Si1,2
	Lage der Zieh- zur Walzrichtung	senkrecht und parallel	parallel	parallel
WIRK-FUGE	Schmierstoff	1 - 11 (Tabelle 4)	1,4 (Tabelle 4)	1,4 (Tabelle 4)
WERKZEUG	Werkstoff	1.2601, Oberflächenbehandlung s. Tab. 5	1.2601, gehärtet auf 62 HRC	1.2601, gehärtet auf 62 HRC
	Ziehkantenradius	-	r_Z = 4/6,3/10/16/25 mm	r_Z = 10/25 mm
	Ziehleistenhöhe	-	-	h_Z = 1,2/2,4/3,6 mm
	Ziehleistenanordnung	-	-	
MASCHINE	Ziehgeschwindigkeit	v_Z = 2/12,5/75 mm/s	v_Z = 2 mm/s	v_Z = 10 mm/s
	Niederhalterdruck	p_N = 1,5....8,0 N/mm² (A_N = 1280 mm²)	p_N = 1,0....5,5 N/mm²	p_N = 2,5 N/mm²

Tabelle 4: Zusammensetzung und Kenngrößen der Schmierstoffe

Markenname	Hersteller	kin. Viskosität mm^2/s ν_{20}	ν_{40}	ν_{50}	Hochdruckzusätze	Beschaffenheit nach Herstellerangaben
1 Oest Platinol Al 2	Oest Freudenstadt	61	25	-	EP-Additive	nichtwassermischbares flüssiges Ziehöl auf Mineralölbasis
2 Oest Platinol W 5	Oest Freudenstadt	pastös (wird mit Wasser verdünnt)			keine Angaben	wassermischb. Schmierst. aus tier. u. pflanzl. Fettsäuren
3 Oest Platinol V711/80	Oest Freudenstadt	300	-	60	keine Angaben	wassermischbares Ziehöl auf Mineralölbasis
4 Oest Platinol BZK 3	Oest Freudenstadt	4560	-	430	EP-Additive	nichtwassermischb. flüssiges Tiefziehöl auf Mineralölbasis
5 Ziehöl 60	Esso Hamburg	240	-	57	keine Angaben	Mineralöl mit ziehaktiven Zusätzen
6 DUNDI 9210 KA	Daniel u. Jäger Stuttgart	-	-	250	keine Angaben	Hochlegiertes, nicht wasserlösliches Ziehfluid
7 ZET - GE V 9106	Zeller u. Gmehlin, Esslingen	Paste			geschwefelte Fettöle	hochviskoses Ziehöl für schwierige Umformvorgänge
8 ZET - GE V 9120/2	Zeller u. Gmehlin, Esslingen	-	109	-	keine Angabe	vollsynth. Produkt aus SHC mit erhöhtem Esteranteil
9 Aemasol K 50	Matthes Solingen	Paste			EP-Additive	Paste aus Festschmierstoffkombinationen
10 Aemasol Si-Setral 12X	Matthes Solingen	-	-	-	keine Angabe	vollsynth., vaselineartiger Schmierstoff (nichtbrennbar)
11 Molykote 557	Dow Corning München	-	-	-	keine Angabe	vollsynth., vaselineartiger Schmierstoff (nichtbrennbar)

Tabelle 5: Übersicht über die untersuchten Oberflächenbehandlungsverfahren

Grundwerkstoff		Behandlungsverfahren	Behandlungstemperatur nach [68] °C	Härtebereich nach [68] HV	gem. Rauhtiefe R_z µm	gem. Glättungstiefe R_{pm} µm	Profilleeregrad λ_p –
1.2601 gehärtet auf 62 HRC	unbehand.	Randschichthärten	900 - 1000	600 - 900	1,00	0,28	0,28
		Badnitrieren (Tenifer)	550 - 580	1000 - 1500	1,59	1,00	0,63
		Pastenborieren	800 - 1100	1800 - 2200	4,93	2,80	0,57
		TIC-Beschichten (CVD)	800 - 1000	4000 - 5000	1,77	0,66	0,37
		Hartverchromen	100	800 - 1000	0,59	0,33	0,56
CrMo-Sonderguß		Unbehandelt	-	-	2,85	0,77	0,29
		Ionitrieren (20 h in N+C+H-haltiger Gasmischung)	570	1000 - 1400	6,14	2,85	0,46

Tabelle 6: Variierte Parameter beim Ziehen runder und quadratischer Näpfe

Variierte Parameter \ Ziehversuch		rund (Ø125)	quadratisch (□200)
WERKSTÜCK	Werkstoff	AlMg2,5 AlMg5 AlMg0,4Si1,2	AlMg5 AlMg0,4Si1,2
WERKSTÜCK	Ziehverhältnis und Ziehtiefe	ß = 1,6/1,8/2,0	t_Z = 45/58 mm
WERKSTÜCK	Zuschnittsform	-	□ 340 340/35 340/70 Ø 370 OPT I OPT II
WIRKFUGE	Schmierstoff	1,3,5 (Tabelle 4)	1,4,5,10 (Tabelle 4)
WERKZEUG	Ziehkantenradius	r_Z= 6,3/10/16/25 mm	r_Z= 10/25 mm
WERKZEUG	Stempelkantenradius	r_{St}= 16/62,5 mm	r_{St}= 20 mm
WERKZEUG	rel. Ziehspalt	u_Z/s_0 = 0,8/1,2/1,6	u_Z/s_0 = 1,2
WERKZEUG	Ziehleistenhöhe	-	h_Z=1,2/2,4/3,6mm
WERKZEUG	Ziehleistenanordnung	-	(4 Anordnungsskizzen)
MASCHINE	Ziehgeschwindigkeit	v_Z= 25/50/70 mm/s	v_Z= 10 mm/s
MASCHINE	Niederhalterdruck	p_N = 0,5/1,0/2,0 x p_N n. Siebel	

Schrifttum

[1] Lange, K.: Energieeinsparung und Fertigungstechnik. wt-Z. ind. Fert. 68 (1978) S. 535 - 537.

[2] Horn, W.: Neuere Entwicklungen gut umformbarer und fester Aluminiumwerkstoffe für Karosserieteile. Fortschritt-Berichte der VDI-Zeitschriften 12 Nr. 31, S. 51 - 64. Düsseldorf: VDI-Verlag 1976.

[3] Ostermann, F.: Heutiger Entwicklungsstand von Leichtmetallblechen für die Automobilindustrie. In: VDI-Berichte 330, Düsseldorf: VDI-Verlag 1978.

[4] Thompson, D. S.: A highly formable aluminium alloy 5182 SSF. SAE-Paper Nr. 770203, Detroit 1977.

[5] Hennings, J.; Horn, W.: Neues Verfahren zur Verbesserung der Punktschweißbarkeit von Aluminiumblechen. Aluminium 57 (1981) 9, S. 612 - 614.

[6] Uno, T.; Baba, Y.; Amitani, T.; Terai, S.: New 5xxx series Aluminium alloys for auto body sheets. SAE-paper 800348, Detroit 1980.

[7] Evancho, J. W.; Kaufmann, J. G.: New 6xxx series alloys for auto body sheets. SAE-paper 770307, Detroit 1977.

[8] Anderson, R. D.; Blackburn, R. D.; Shabel, B. S.: Development of aluminium alloys for body sheet. Aluminium 50 (1974) 12, S. 775 - 777.

[9] Blaich, M.: Beitrag zum Ziehen von Blechteilen aus Aluminiumlegierungen. Ber. aus dem Inst. f. Umformtechnik, Univers. Stgt., Nr. 61, Berlin: Springer 1981.

[10] Kienzle, O.; Mietzner, K.: Grundlagen einer Typologie umgeformter metallischer Oberflächen. Berlin /Heidelberg/ New York: Springer 1965.

[11] Reissner, J.: Die Reibungsbedingungen beim geschmierten Tiefziehvorgang. In: Tagungsband zum 3. Int. Kolloquium Schmierstoffe in der Metallbearbeitung, Techn. Akademie Esslingen, 1982.

[12] Mohr, E.: Über Materialermüdung und Fließlinien. Aluminium 57 (1981) 4, S. 234.

[13] Akeret, R.: Versagensmechanismen beim Biegen von Aluminiumblechen und Grenzen der Biegefähigkeit. Aluminium 54 (1978) 2, S. 117 - 123.

[14] Akeret, R.: Beobachtungen über die Lokalisierung der Verformung in Aluminiumwerkstoffen. Aluminium 54 (1978) 6, S. 385 - 391.

[15] Hasek, V. V.: Über den Formänderungs- und Spannungszustand beim Ziehen von großen unregelmäßigen Blechteilen. Ber. aus dem Inst. f. Umformtechnik, Univ. Stgt., Nr. 25, Essen: Girardet 1973.

[16] Neumann, W. D.: Grenzflächenprobleme bei der Verarbeitung von Aluminium. Bänder, Bleche, Rohre 17 (1976) 5, S. 184 - 187.

[17] Siegert, K.: Beispiele für die Anwendung von Aluminium im Karosseriebau. Int. Symp. Aluminium und Automobil. Düsseldorf: Aluminium-Zentrale 1980.

[18] Altenpohl, D.: Aluminium und Aluminiumlegierungen. Berlin: Springer 1965.

[19] Lange, K.: Lehrbuch der Umformtechnik Bd. 3 Blechumformung. Berlin: Springer 1975.

[20] Kienzle, O.; Mietzner, K.: Mikrogeometrische Veränderungen der Oberfläche bei Kaltumformvorgängen. Forsch. Ber. des Landes Nordrhein-Westfalen Nr. 812. Köln und Opladen: Westdeutscher Verlag 1960.

[21] Thomson, P. F.; Nayak, P. U.: The effect of plastic deformation on the roughening of free surfaces of sheet steel. Int. J. Mach. Tool Des. Res. 20 (1980),S. 73 - 86.

[22] Dannenmann, E.: Oberflächen- und Randzonenbeeinflussung durch Umformen und Schneiden. Technische Mitteilungen 73 (1980) 11/12, S. 893 - 901.

[23] Reihle, M.: Einfluß der Korngröße auf die Oberflächenfeingestalt von Tiefziehteilen. Mitt. d. Forsch. Ges. Blechverarbeitg. e. V. (1961) 12/13, S. 141 - 150.

[24] Fogg, B.: The relationship between the blank and the product surface finish and lubrication in deep-drawing and stretching operations. Sheet Metal Industries 22 (1967), S. 95 - 112-

[25] Pawelski, O.: Gelöste und ungelöste tribologische Probleme in der Umformtechnik. Schmiertechnik + Tribologie 25 (1978), S. 137 - 140.

[26] Hansen, N.: Der Böschungswinkel von Rauheitsprofilen. Maschinenmarkt Würzburg, 73 (1967) 86, S. 1790 - 1791.

[27] Heller, W.: Einebnungsvorgänge in werkzeuggebundenen Metalloberflächen bei bildsamer Formgebung. Dr.-Ing.-Diss., RWTH Aachen 1970.

[28] Lange, K.: Lehrbuch der Umformtechnik Bd. 1 Grundlagen, Berlin: Springer 1972.

[29] Bowden, F. P.; Tabor, D.: Reibung und Schmierung fester Körper. Berlin, Göttingen, Heidelberg: Springer 1959.

[30] Vogelpohl, G.: Die Stribeck-Kurve als Kennzeichen des allgemeinen Reibungsverhaltens geschmierter Gleitflächen. VDI-Zeitschrift 96 (1954) 9, S. 261 - 288.

[31] Schey, J. A.: Metal Deformation Processes: Friction and Lubrication. New York: Marcel Dekker 1970.

[32] Wilson, W. R. D.: Friction and lubrication in sheet metal forming. In: Koistinen, D. P., Wang, N.-M.: Mechanics of sheet metal forming. New York, London: Plenum Press 1978.

[33] Schey, J. A.: Metal Forming Plasticity. Berlin: Springer 1979.

[34] Coupland, H. T.; Wilson, D. V.: Speed Effects in Deep Drawing. Sheet Metal Industries (1958) 2, S. 85 - 103.

[35] Panknin, W.: Der Einfluß der Ziehgeschwindigkeit auf das Tiefziehen im Anschlag. Blech 6 (1959) 9, S. 391 - 396.

[36] Woska, R.: Vergrößerung des Grenzziehverhältnisses beim Tiefziehen durch reibmindernde Werkzeugbehandlung. Werkstatt u. Betrieb 114 (1981) 5, S. 342 - 344.

[37] Wilson, D. V.: Lubrication and Formability in Sheet Metal Working. Sheet Metal Industries 43 (1966) 476, S. 929 - 944.

[38] Siebel, E.; Kotthaus, E.: Untersuchung über die Übertragbarkeit von Versuchsergebnissen an Modellen auf Großwerkzeuge beim Tiefziehen zylindrischer, runder Teile. Mitt. Forsch.- Ges. Blechverarbtg. (1955) 15, S. 181 - 185.

[39] Panknin, W.; Eychmüller, W.: Untersuchungen über die Übertragbarkeit des Näpfchenziehversuchs auf Großwerkzeuge beim Tiefziehen zylindrischer Teile. Mitt. Forsch.-Ges. Blechverarbtg. (1955) 17, S. 206 - 209.

[40] Witthüser, K.-P.: Untersuchung von Prüfverfahren zur Beurteilung der Reibungsverhältnisse beim Tiefziehen. Dr.-Ing.-Diss. TU Hannover 1980.

[41] Reihle, M.: Verhalten des Gleitreibungskoeffizienten von Tiefziehblechen bei hohen Flächenpressungen. Dr.-Ing.-Diss. TH Stuttgart 1959.

[42] Duncan, J. L.; Shabel, B. S.; Gerbase Filho, J.: A tensile strip test for evaluating friction in sheet metal forming. Aluminium 54 (1978) 9, S. 585 - 588.

[43] Littlewood, M.; Wallace, J. F.: The effect of surface finish and lubrication on the frictional variations involved in the sheet-metal-forming process. Sheet Metal Industries 41 (1964) 452, S. 925 - 930.

[44] Nine, H. D.: Drawbead forces in sheet metal forming. In: Koistinen, D. P., Wang, N.-M.: Mechanics of sheet metal forming. New York-London: Plenum Press 1978.

[45] Siegert, K.: Beeinflussung der Reibung beim Ziehen von Karosserieteilen. In: Tagungsband zum 3. Int. Kolloquium Schmierstoffe in der Metallbearbeitung, Techn. Akademie Esslingen, 1982.

[46] Wojtowicz, W. J.: Sliding friction test for metalworking lubricants. Lubrication Engineering 11 (1955) 3, S. 174 - 177.

[47] Kienzle, O.; Mietzner, K.: Atlas umgeformter metallischer Oberflächen. Berlin, Heidelberg, New York: Springer 1967.

[48] Dannenmann, E.: Oberflächenveränderungen beim Tiefziehen von Näpfen. Industrie-Anzeiger 89 (1967) 71, S. 1541 - 1547.

[49] Fischer, F.; Schmitt-Thomas, K.-H.; Seul, V.: Über den Einfluß der Mikrooberfläche auf das Verhalten von Feinblechen im Tiefzug. Stahl u. Eisen 80 (1960) 22, S. 1524 - 1531.

[50] Hastings, P. R.; Gagnon, G.: Influence of surface topography and lubrication on the deep drawability of industrial sheet materials. Proc. of the meeting of the ADDRG, Fall /USA, 1975.

[51] Butler, R. D.; Pope, R. J.: Surface roughness and lubrication in press working of autobody steel sheet. Sheet Metal Ind., 44 (1967), S. 579 - 597.

[52] Fischer, F.; Reitzle, W.; Drecker, H.: Einfluß der Mikrooberfläche auf die Umformbarkeit von Aluminium-Karosseriewerkstoffen. Aluminium 56 (1980) 9, S. 578 - 584.

[53] Fukui, S.; Yoshida, K.; Abe, K.; Ozaki, K.: The effect of surface roughness of sheet and tools on deep drawability. Sheet Metal Industries, 40 (1963), S. 739 - 744, 754.

[54] Rault, D.; Entringer, M.: Anti-galling roughness profile permitting reduction of the blankholder pressure and the required amount of lubricant during the forming of sheets. Proc. 9th Bienn. Congr. of the IDDRG, Ann Arbor/ USA, 1967.

[55] Story, J. M.; Weinmann, K. J.: The effects of surface topography and surface chemistry on metal build-up on the tools during the forming of Aluminum sheet. Proc. of the VIII NAMRC, Rolla /USA, 1980.

[56] Hughes, I. F.: Evaluation of steel galling and surface finish. Sheet Metal Industries 54 (1977) 2, S. 147 - 153.

[57] Blümel, K. W.; Krechter, F.: Reibungsvorgänge im Faltenhalter bei der Umformung von Feinblechen. Thyssen Techn. Berichte Heft 2/1979, S. 120 - 125.

[58] Hansen, N.: Die Bedeutung der Profiltraganteilkurve zur Kennzeichnung von abgespanten und umgeformten Oberflächen. Werkstattstechnik 57 (1967) 8, S. 379 - 383.

[59] Registration record of international alloy designations and chemical composition limits for wrought aluminium alloys 1974. New York: Aluminium Association 1974.

[60] Kienzle, O.: Die Rauhleiter, eine umgeformte Probe mit gleichmäßig zunehmender freier Rauhung. Werkstattstechnik 56 (1966) 10, S. 542 - 545.

[61] Hasek, V. V.: Möglichkeiten zur Steuerung des Stoffflusses beim Ziehen großer unregelmäßiger Blechteile. Ber. aus dem Inst. f. Umformtechnik, Univ. Stgt., Nr. 56, Berlin: Springer 1980.

[62] Schlosser, D.: Geometrische Eigenschaften tiefgezogener kreiszylindrischer Näpfe. Ber. aus dem Inst. f. Umformtechnik, Univ. Stgt., Nr. 45, Essen: Girardet 1977.

[63] Glöckl, H.: Rechnerunterstützte Platinenformermittlung beim Tiefziehen. In: Tagungsbroschüre: Neuere Entwicklungen in der Blechbearbeitung. Stuttgart Forschungsgesellsch. Umformtechnik m.b.H. 1982.

[64] Oldewurtel, A.: CVD-Beschichtung und Diffusionsverfahren als Mittel zur Standmengenerhöhung von Werkzeugen der Blechumformung. Teil 1. Blech Rohre Profile 28 (1981) 4, S. 146 - 148.

[65] Oldewurtel, A.: CVD-Beschichtung und Diffusionsverfahren als Mittel zur Standmengenerhöhung von Werkzeugen der Blechumformung. Teil 2. Blech Rohre Profile 28 (1981) 5, S. 197 - 200.

[66] Ibinger, K.; Spalke, H.: Oberflächenbehandlung von Umformwerkzeugen. Werkstatt und Betrieb 113 (1980) 5, S. 335 - 337.

[67] Fichtl, W.: Aus der Praxis des Oberflächenborierens. Sonderdruck aus Härterei-Techn. Mitteilungen 33 (1978) 1.

[68] Oldewurtel, A.: Problemlösungen durch Einsatz CVD-beschichteter Werkzeuge oder gegossener Werkstoffe. In: Tagungsbroschüre: Neuere Entwicklungen in der Blechbearbeitung. Stuttgart, Forschungsgesellschaft Umformtechnik m.b.H. 1982.

[69] Siegert, K.: Karosseriebleche aus Aluminium im Vergleich zu Karosserieblechen aus Stahl. In: VDI-Berichte 450, Düsseldorf: VDI-Verlag 1982.

[70] Maaß, D.: Das Abdecken der Rauheit von Blechen durch das Lackieren. Mitt. Forschungsgesellschaft Blechverarbeitung und Oberflächenbehandlung 18 (1967) 1/2.

[71] Siebel, K.; Beisswänger, H.: Tiefziehen. Hanser: München 1955.

[72] Panknin, W.; Dutschke, W.: Die Gesetzmäßigkeiten beim Tiefziehen runder, quadratischer, rechteckiger und elliptischer Teile im Anschlag. Mitt. d. Forschungsgesellschaft Blechverarbeitung (1959) Nr. 2/3, S. 13 - 23.

[73] Oehler, G.; Kaiser, F.: Schnitt-, Stanz- und Ziehwerkzeuge, Berlin: Springer 1966.

Berichte aus dem Institut für Umformtechnik der Universität Stuttgart

Herausgeber Professor Dr.-Ing. Kurt Lange

1 **Untersuchung über den Einfluß der Belastungszeit auf die Streuung der Rückfederung von Biegeteilen**
Von Dipl.-Ing. Klaus Tafel. 70 Seiten Text u. 64 Seiten mit 49 Bildern u. 15 Tafeln. Vergriffen

2/3 **Untersuchungen über das freie Napfen**
Von Dipl.-Ing. Gerhard Schmitt und Dipl.-Ing. Dieter Schmoeckel.
Untersuchungen über den Kraft- und Arbeitsbedarf sowie den Umformwirkungsgrad beim Vorwärts-Vollfließpressen von Stahl
Von Dipl.-Ing. Dieter Kast. 40 Seiten Text u. 43 Seiten mit 47 Bildern u. 5 Tafeln. 28,— DM

4 **Untersuchungen über die Werkzeuggestaltung beim Vorwärts-Hohlfließpressen von Stahl und Nichteisenmetallen**
Von Dipl.-Ing. Dieter Schmoeckel. 72 Seiten Text u. 117 Seiten mit 179 Bildern. 39,— DM

5 **Untersuchungen über das Stauchen und Zapfenpressen**
Von Dipl.-Ing. Märten Burgdorf. 126 Seiten Text u. 58 Seiten mit 138 Bildern u. 4 Tafeln. 55,— DM

6 **Untersuchungen über die Streuung der Kräfte und Arbeiten beim Fließpressen in der laufenden Fertigung und den Einfluß der Phosphatschichtdicke und des Schmiermittels**
Von Dipl.-Ing. Hans-Dietrich Witte. 38 Seiten Text u. 48 Seiten mit 49 Bildern. 30,— DM

7 **Untersuchungen über das Rückwärts-Napffließpressen von Stahl bei Raumtemperatur**
Von Dipl.-Ing. Gerhard Schmitt. 132 Seiten Text u. 93 Seiten mit 130 Bildern u. 5 Tafeln. 34,— DM

8 **Die Abbildegenauigkeit beim Biegen im 90°-V-Gesenk und ihre Beeinflussung durch Nachdrücken im Gesenk durch Nachdrücken im Gesenk**
Von Dipl.-Ing. Eckart Dannenmann. 50 Seiten Text u. 31 Seiten mit 28 Bildern u. 1 Tafel. Vergriffen

9 **Untersuchungen über den Zusammenhang zwischen Vickershärte und Vergleichsformänderung bei Kaltumformvorgängen**
Von Dipl.-Ing. Hans Wilhelm. 50 Seiten Text u. 35 Seiten mit 37 Bildern u. 2 Tafeln. Vergriffen

10 **Untersuchungen über das Abstreckziehen von zylindrischen Hohlkörpern bei Raumtemperatur**
Von Dipl.-Ing. Rolf K. Busch. 86 Seiten Text u. 92 Seiten mit 97 Bildern. Vergriffen

11 **Vorgänge beim elektromagnetischen und elektrohydraulischen Umformen von metallischen Werkstücken**
Von Dipl.-Ing. Herbert Müller. 90 Seiten Text u. 110 Seiten mit 93 Bildern u. 10 Tafeln. 22,— DM

12 **Ein Verfahren zur näherungsweisen Berechnung des Spannungs- und Formänderungszustandes beim Fließen starrplastischer Werkstoffe**
Von Dipl.-Ing. Gerhard Adler. 124 Seiten Text u. 76 Seiten mit 72 Bildern. Vergriffen

13 **Modellgesetzmäßigkeiten beim Rückwärtsfließpressen geometrisch ähnlicher Näpfe**
Von Dipl.-Ing. Dieter Kast. 101 Seiten Text u. 73 Seiten mit 60 Bildern u. 6 Tafeln. Vergriffen

14 **Untersuchungen über das Genauschneiden von Stahl und Nichteisenmetallen**
Von Dipl.-Ing. Wilfried Krämer. 96 Seiten Text u. 132 Seiten mit 128 Bildern u. 10 Tafeln. Vergriffen

15 **Entwicklung und Erprobung eines Simulators zur reproduzierbaren Nachahmung der Kraft-Weg-Verläufe von Umformvorgängen**
Von Dipl.-Ing. Kurt Schmid. 88 Seiten Text u. 38 Seiten mit 35 Bildern u. 2 Tafeln. 17,— DM

16 **Walzrichten von Metallbändern mit symmetrisch angestellter Fünf-Walzen-Richtmaschine**
Von Dipl.-Ing. Hans-Dietrich Witte. 108 Seiten Text u. 63 Seiten mit 60 Bildern u. 8 Tafeln. 22,— DM

17/18 **Erzeugung räumlicher Blechgebilde mittels Flächenbiegung**
Konstruktion, Abwicklung und Herstellung von Schraubtorsen aus Blech
Von Prof. Dr.-Ing. E. h. Dr. techn. h. c. Otto Kienzle.
120 Seiten Text u. 55 Seiten mit 86 Bildern u. 3 Tafeln. 22,— DM

19 **Einfluß der Alterung auf die mechanischen Eigenschaften von Stählen zum Kaltfließpressen**
Von Dipl.-Ing. Vladimir Hasek, CSc. 43 Seiten Text u. 54 Seiten mit 50 Bildern u. 3 Tafeln. 16,— DM

20 **Beitrag zur Frage der Spannungen, Formänderungen und Temperaturen beim axialsymmetrischen Strangpressen**
Von Dipl.-Ing. Rolf Dalheimer. 118 Seiten Text u. 76 Seiten mit 79 Bildern u. 3 Tafeln. Vergriffen

21 **Über den Einfluß der Werkzeuggeschwindigkeit auf den Stauchvorgang**
Von Dipl.-Ing. H.-J. Metzler. 127 Seiten Text u. 100 Seiten mit 94 Bildern u. 6 Tafeln. 25,— DM

22 **Numerische Behandlung von Verfahren der Umformtechnik**
Von Dr.-Ing. Elmar Steck. 67 Seiten Text u. 22 Seiten mit 43 Bildern. 16,— DM

23 **Ein Verfahren zur näherungsweisen Berechnung der Wärmeentwicklung und der Temperaturverteilung beim Kaltstauchen von Metallen**
Von Dipl.-Ing. Walther Pohl. 78 Seiten Text u. 51 Seiten mit 61 Bildern u. 4 Tafeln. 21,— DM

24 **Untersuchungen über das Drückwalzen zylindrischer Hohlkörper und Beitrag zur Berechnung der gedrückten Fläche und der Kräfte**
Von Dipl.-Ing. Hans-Jürgen Dreikandt. 161 Seiten Text u. 79 Seiten mit 73 Bildern u. 6 Tafeln. Vergriffen

25 **Über den Formänderungs- und Spannungszustand beim Ziehen von großen unregelmäßigen Blechteilen**
Von Dipl.-Ing. Vladimir Hasek, CSc. 129 Seiten Text u. 106 Seiten mit 109 Bildern u. 9 Tafeln. 35,— DM

26 **Über die Anisotropie des plastischen Verhaltens stranggepreßter Stäbe aus hexagonalen Metallen**
Von Dipl.-Ing. Günther Schröder. 129 Seiten Text u. 75 Seiten mit 97 Bildern u. 2 Tafeln. Vergriffen

27 **Die Messung der mechanischen Kontaktspannung in der Wirkfuge Werkzeug — Werkstück bei Umformverfahren**
Von Dipl.-Ing. Fritz Dohmann. 99 Seiten Text u. 82 Seiten mit 93 Bildern u. 4 Tafeln. Vergriffen

28 **Beitrag zur rechnerunterstützten Auslegung von Pressengestellen**
Von Dipl.-Ing. Manfred Geiger. 94 Seiten u. 56 Seiten mit 63 Bildern. Vergriffen

29 **Untersuchungen über das Aufweittiefziehen**
Von P. S. Raghupathi, M. E. ISBN 3-7736-0780-6
80 Seiten Text u. 54 Seiten mit 73 Bildern u. 2 Tafeln. 32,– DM*

30 **Faltenbildung als Verfahrensgrenze beim Stauchen von Hohlkörpern**
Von Dipl.-Ing. Klaus Dieterle. ISBN 3-7736-0781-4
55 Seiten Text u. 35 Seiten mit 43 Bildern u. 3 Tafeln. 28,– DM

31 **Beitrag zur Ermittlung von Fließkurven im kontinuierlichen hydraulischen Tiefungsversuch**
Von Dipl.-Ing. Franc Gologranc. ISBN 3-7736-0785-7.
125 Seiten Text u. 58 Seiten mit 95 Bildern u. 6 Tafeln. Vergriffen

32 **Untersuchungen an Strangpreßmatrizen**
Von Dipl.-Ing. Klaus Gieselberg. ISBN 3-7736-0786-5
101 Seiten Text u. 56 Seiten mit 69 Bildern. 45,– DM

33 **Beitrag zur Messung der Strangoberflächentemperatur beim Strangpressen**
Von Dipl.-Ing. Karl-Heinz Friedrich. ISBN 3-7736-0787-3.
83 Seiten Text u. 90 Seiten mit 84 Bildern u. 3 Tafeln. 48,– DM

34 **Über das Umformverhalten von Blechen aus Titan und Titanlegierungen**
Von Dipl.-Ing. Hans Wilhelm. ISBN 3-7736-0788-1.
107 Seiten Text u. 69 Seiten mit 76 Bildern u. 13 Tafeln. 48,– DM

35 **Untersuchung der magnetischen Induktion, Stromdichte und Kraftwirkung bei der Magnetumformung**
Von Dipl.-Ing. Volker Schmidt. ISBN 3-7736-0789-X
60 Seiten Text u. 53 Seiten mit 84 Bildern. 21,– DM

36 **Der Stofffluß beim kombinierten Napffließpressen**
Von Dipl.-Ing. Rolf Geiger. ISBN 3-7736-0790-3
111 Seiten Text u. 74 Seiten mit 80 Bildern u. 6 Tafeln. Vergriffen

37 **Beitrag zum Verhalten superplastischer Werkstoffe beim Massivumformen**
Von Dipl.-Ing. Hans Schelosky. ISBN 3-7736-0791-1.
123 Seiten Text u. 61 Seiten mit 60 Bildern u. 4 Tafeln. 48,– DM

38 **Energieumsatz beim elektrohydraulischen Umformen**
Von Dipl.-Ing. Hans-Joachim Weckerle. ISBN 3-7736-0792-X.
103 Seiten Text u. 46 Seiten mit 56 Bildern. 45,– DM

39 **Elastische Wechselwirkungen an Gestell und Hauptgetriebe weggebundener Pressen**
Von Dipl.-Ing. Lutz Schemperg. ISBN 3-7736-0793-8.
91 Seiten Text u. 58 Seiten mit 65 Bildern u. 3 Tafeln. 45,– DM

40 **Über das plastische Verhalten von Sintermetallen bei Raumtemperatur**
Von Dipl.-Ing. Hartmut Höneß. ISBN 3-7736-0794-6
84 Seiten Text u. 54 Seiten mit 67 Bildern u. 2 Tafeln. 45,– DM

41 **Untersuchungen zum Halbwarmfließpressen von Stahl**
Von Dr.-Ing. Rolf Geiger, Dipl.-Ing. Eckart Dannenmann und Dipl.-Ing. Jean Stefanakis.
ISBN 37736-0795-4. 50 Seiten Text u. 33 Seiten mit 34 Bildern u. 2 Tafeln. Vergriffen

42 **Änderung der Werkstoffeigenschaften beim Ziehen von zylindrischen Hohlkörpern aus austenitischen und ferritischen nichtrostenden Stählen**
Von Dipl.-Ing. Rolf Zeller. ISBN 3-7736-0796-2.
80 Seiten Text u. 52 Seiten mit 34 Bildern u. 2 Tafeln. 38,– DM

43 **Untersuchungen über das Fließpressen superplastischer Werkstoffe**
Von Dr.-Ing. Hans Schelosky. ISBN 3-7736-0797-0.
36 Seiten Text u. 24 Seiten mit 26 Bildern u. 1 Tafel. 30,– DM

44 **Umformende Bearbeitung in flexiblen Fertigungssystemen**
Von Dipl.-Ing. Hartmut Kaiser. ISBN 3-7736-0798-9.
87 Seiten Text u. 24 Seiten mit 47 Bildern. 36,– DM

45 **Geometrische Eigenschaften tiefgezogener kreiszylindrischer Näpfe**
Von Dipl.-Ing. Dieter Schlosser. ISBN 3-7736-0799-7.
107 Seiten Text u. 64 Seiten mit 60 Bildern u. 9 Tafeln. 48,– DM

46 **Die Eigenschaften einer AlZnMgCu-Legierung nach ausgewählten Kombinationen von Wärmebehandlung und Kaltumformung**
Von Dipl.-Ing. Karl Hankele. ISBN 3-7736-0880-2.
86 Seiten Text u. 51 Seiten mit 52 Bildern u. 4 Tafeln. 45,– DM

47 **Kaltmassivumformen von Sintermetall**
Von Dipl.-Ing. Hans Dieter Schacher. ISBN 3-7736-0881-0.
84 Seiten Text u. 44 Seiten mit 47 Bildern u. 5 Tafeln. 42,– DM

48 **Rechnerunterstützte Arbeitsplanerstellung und Kostenrechnung beim Kaltmassivumformen von Stahl**
Von Dipl.-Ing. Peter Noack. ISBN 3-7736-0882-9.
216 Seiten Text u. 116 Seiten mit 134 Bildern u. 23 Tafeln. 65,– DM

49 **Beitrag zur beanspruchungsgerechten Auslegung von rotationssymmetrischen Fließpreßmatrizen**
Von Dipl.-Ing. Gunther Kramer. ISBN 3-7736-0883-7.
94 Seiten Text u. 53 Seiten mit 56 Bildern. 48,– DM

50 **Erzeugung gratfreier Schnittflächen durch Aufteilen des Schneidvorgangs (Konterschneiden)**
Von Dipl.-Ing. Heinz Liebing. ISBN 3-7736-0884-5.
87 Seiten Text u. 51 Seiten mit 55 Bildern u. 4 Tafeln. 46,– DM

Die Berichte 1 bis 50 sind zu beziehen durch das Institut fur Umformtechnik, Holzgartenstr. 17, 7000 Stuttgart 1

51 **Berechnung der elastischen Eigenschaften von Baugruppen im Pressenbau**
Von Dipl.-Ing. Herbert Blum ISBN 3-540-09804-6.
151 Seiten mit 55 Abbildungen. 48,– DM

52 **Untersuchung der Verfahrensgrenzen beim 180°-Biegen von Fein- und Mittelblechen**
Von Dipl.-Phys. Wolfgang Schaub. ISBN 3-540-09881-X.
65 Seiten mit 24 Abbildungen. 38.– DM

53 **Abstreckgleitziehen von nichtrostenden austenitischen Stählen**
Von Dipl.-Ing. Jobst-H. Kerspe. ISBN 3-540-09882-8.
109 Seiten mit 36 Abbildungen. 43,– DM

54 **Fließpressen von Stahl im Temperaturbereich 773 K (500°C) bis 1073 K (800°C)**
Von Dipl.-Ing. Ulrich Diether. ISBN 3-540-09959-X.
165 Seiten mit 80 Abbildungen. 48,– DM

55 **Die numerisch gesteuerte Radial-Umformmaschine und ihr Einsatz im Rahmen einer flexiblen Fertigung**
Von Dipl.-Ing. Peter Metzger. ISBN 3-540-10073-3.
158 Seiten mit 65 Abbildungen. 43,– DM

56 **Möglichkeiten zur Steuerung des Stoffflusses beim Ziehen großer unregelmäßiger Blechteile**
Von Dr.-Ing. Vladimir V. Hasek. ISBN 3-540-10074-1.
193 Seiten mit 96 Abbildungen. 48,– DM

57 **Beitrag zur Arbeitsgenauigkeit des Kaltmassivumformens**
Von Dipl.-Ing. Herbert Leykamm. ISBN 3-540-10363-5.
165 Seiten mit 84 Abbildungen und 5 Tabellen.. 48,– DM

58 **Untersuchungen über das Verjüngen von zylindrischen Vollkörpern**
Von Dipl.-Ing. Helmut Binder. ISBN 3-540-10466-6.
146 Seiten mit 50 Abbildungen und 3 Tabellen. 43,– DM

59 **Umformverhalten legierter Sintereisen**
Von Dipl.-Ing. Manfred Stilz. ISBN 3-540-11051-8.
170 Seiten mit 75 Abbildungen und 5 Tabellen. 48,– DM

60 **Interaktives Programmsystem zur Erstellung von Fertigungsunterlagen für die Kaltmassivumformung**
Von Dipl.-Ing. Michael Rebholz. ISBN 3-540-11052-6.
121 Seiten mit 46 Abbildungen. 43,– DM

61 **Beitrag zum Ziehen von Blechteilen aus Aluminiumlegierungen**
Von Dipl.-Ing. Michael Blaich. ISBN 3-540-11067-4.
141 Seiten mit 64 Abbildungen und 5 Tabellen. 43,– DM

62 **Auslegung von rotationssymmetrischen Fließpreßwerkzeugen im Bereich elastisch-plastischen Werkstoffverhaltens**
Von Dipl.-Ing. Thomas Neitzert. ISBN 3-540-11623-0.
159 Seiten mit 51 Abbildungen. 53,– DM

63 **Fließpressen von Sintermetall im Temperaturbereich zwischen 873 K (600°C) und 1173 K (900°C)**
Von Dipl.-Ing. Wolfgang Schaub. ISBN 3-540-11678-8.
160 Seiten mit 85 Abbildungen und 9 Tabellen. 53,– DM

64 **Rechnerunterstützte Konstruktion von Umformwerkzeugen und die Fertigungsplanung von Werkzeugelementen**
Von Dipl.-Ing. Dieter Steuss. ISBN 3-540-11856-X.
178 Seiten mit 87 Abbildungen und 6 Tabellen. 53,– DM

65 **Möglichkeiten und Grenzen des Kaltgesenkschmiedens als eine fertigungstechnische Alternative für kleine, genaue Formteile**
Von Dipl.-Ing. Khang Hoang-Vu. ISBN 3-540-11876-4.
156 Seiten mit 62 Abbildungen und 5 Tabellen. 53,– DM

66 **Einsatz numerischer Näherungsverfahren bei der Berechnung von Verfahren der Kaltmassivumformung.**
Von Dipl.-Ing. Karl Roll. ISBN 3-540-11910-8.
166 Seiten mit 49 Abbildungen und 2 Tabellen. 53,– DM

67 **Untersuchung über das Verjüngen von dickwandigen, zylindrischen Hohlkörpern**
Von Dipl.-Ing. Knut Haarscheidt. ISBN 3-540-12229-X.
124 Seiten mit 58 Abbildungen und 6 Tabellen. 58,– DM

68 **Rechnerunterstützte Optimierung des Tiefziehens unregelmäßiger Blechteile**
Von Dipl.-Ing. Hans Glöckl. ISBN 3-540-12522-1.
143 Seiten mit 60 Abbildungen. 58,– DM

69 **Hydrostatisches Fließpressen: Verfahrensparameter und Werkstückeigenschaften**
Von Dipl.-Ing. Jobst H. Kerspe. ISBN 3-540-12537-X.
123 Seiten mit 69 Abbildungen und 5 Tabellen. 58,– DM

70 **Untersuchungen zum Halbwarmfließpressen von Automatenstählen**
Von Dipl.-Ing. Eberhard Nehl. ISBN 3-540-12568-X.
145 Seiten mit 104 Abbildungen. 58,– DM

71 **Entwicklung und Anwendung neuer Schmierstoffprüfverfahren für die Kaltmassivumformung**
Von Dipl.-Ing. Thomas Gräbener. ISBN 3-540-12836-0.
140 Seiten mit 65 Abbildungen. 58,– DM

72 **Einfluß der Blechoberfläche beim Ziehen von Blechteilen aus Aluminiumlegierungen**
Von Dipl.-Ing. Erhard Mössle. ISBN 3-540-12837-9.
142 Seiten mit 62 Abbildungen und 6 Tabellen. 58,– DM

Die Berichte 51 und folgende sind zu beziehen durch den Springer-Verlag, Berlin Heidelberg New York Tokyo